15分で

バナーデザイン はかどり事典

for Photoshop＋Illustrator

木戸武史、高野 徹、コネクリ、佐々木拓人、
mito、久川裕右、遊佐一弥　共著

エムディエヌコーポレーション

はじめに

バナー作成はWebデザイナーにとって手早くこなしたい業務のひとつでしょう。ですがバナーは、写真と文字さえ並べればそれで完成というわけにはいきません。人目を引く華やかさが必要とされ、そのためのデザインのアイデアが求められます。

本書は、10〜15分程度のひと手間をかけて、パッとしないバナーをブラッシュアップするデザインテクニックを紹介しています。バナーの狭いスペースのなかで有効なデザインを、Before→Afterの流れで解説。デザインのアイデアだけでなく、完成に至る工程もステップ・バイ・ステップ形式で指南しているので、実際にどう手を動かせばよいかがわかります。

使用するアプリケーションはPhotoshopとIllustratorです。細かな操作上のTipsも散りばめており、アプリケーションの初心者にも役立つ内容になっています。

また、バナーには“多様なサイズに展開される”という特徴もあるので、縦長と横長のサイズバリエーションも掲載しました。サイズが変わればレイアウトも調整する必要がありますから、ひとつのデザインを組み替えていく手法も理解できます。

「どうすれば見映えがよくなるだろう？」「どうすればインパクトが出るだろう？」と悩んだ際に、本書をパラパラっとめくれば必ずヒントが見つかるはずです。ぜひ本書で“デザインの引き出し”を増やし、ワンパターンに陥らないバナー作成を楽しんでみてください。

MdN編集部

CONTENTS

CHAPTER 1

背景・装飾のアイデア

本書の使い方

本書は、Webデザインの制作現場で役立つバナー作成のヒントやTipsをまとめたアイデア集です。Adobe Creative CloudのPhotoshopとIllustratorを使って手早くバナーをブラッシュアップするプロの技術を紹介しています。

各作例の完成バナーや元バナーのデータはダウンロードして、学習の参考用途に限りご使用いただけますので、そちらもあわせてご覧ください。

本書で紹介している操作や効果をお試しになるときは、Photoshop CC、Illustrator CCが必要となります。あらかじめご了承ください。

作例のサイズについて

基本のバナーサイズは幅320px × 高さ250pxを想定しています。本書では印刷用として、実際には4倍のサイズ（幅1280px × 高さ1000px）で作成していますのでご注意ください。また、バリエーションのバナーサイズも4倍のサイズで収録されています。

MacとWindowsの違いについて

本書の内容はmacOSとWindowsの両OSに対応しています。本文の表記はMacでの操作を前提にしていますが、Windowsでも問題なく操作できます。Windowsをご使用の場合は、右の表に従ってキーを読み替えて操作してください。

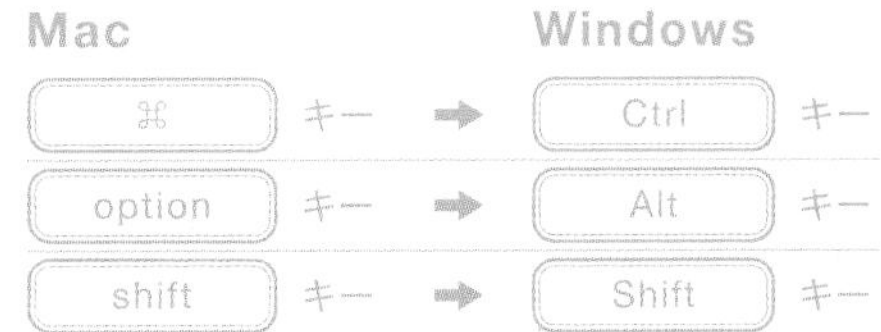

Mac		Windows
⌘キー	→	Ctrlキー
optionキー	→	Altキー
shiftキー	→	Shiftキー

サンプルデータのダウンロードについて

本書に掲載のバナーデータは、次のURLよりダウンロードできます。

https://books.mdn.co.jp/down/3222303061/

（3222303061：数字）

※「1」（数字のイチ）の打ち間違いにご注意ください。

※解凍したフォルダー内には「お読みください.html」が同梱されていますので、ご使用の前に必ずお読みください。

※このサンプルデータは、紙面での解説をお読みいただく際に参照用としてのみ使用することができます。その他の用途での使用、配布は一切禁止します。

※このサンプルデータのファイルを実行した結果については、著者、株式会社エムディエヌコーポレーションは、一切の責任を負いかねます。お客様の責任においてご利用ください。

CHAPTER 5

素材が少ないときのアイデア

CHAPTER 4

イメージ別のアイデア

CHAPTER 2

写真のアイデア

CHAPTER 3

レイアウトのアイデア

CHAPTER

1

背景・装飾のアイデア

01 クリックを誘う一体感のあるドロップシャドウ

所要時間

10分

使用アプリケーション

制作・文 遊佐一弥

フラットで物足りなくなりがちなバナーを立体感のあるデザインに仕上げるのはそれほど難しくなく、ひと工夫加えることで実現可能です。バナーに使う写真に少しでも奥行きを感じられるならこれを生かさない手はありません。写真と文字を引き立てる囲み要素に一体感のあるデザインを目指しましょう。

POINT1

文字と写真の世界をつなぐ囲み罫

POINT2

写真の中にある奥行き、陰影と合わせたドロップシャドウの設定

POINT3

スマートオブジェクトを利用したレイヤーマスクテクニック

ベースになる罫線と書体の変更

01

元のバナーは 01 のようなレイヤー構造になっています。テキストレイヤーを選択し、文字カラーをそれぞれ白に設定します。次に長方形のシェイプレイヤーを選択し、プロパティパネルの「アピアランス」で［塗り：なし］、［線：白］に設定して、［太さ：27.5px］、［角丸の半径：2px］にします 02 03 。

01

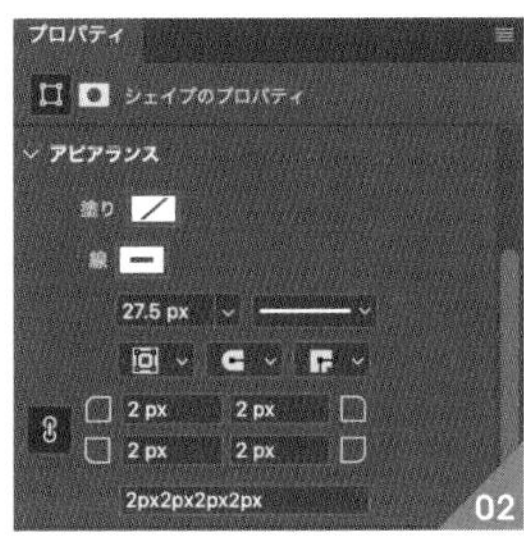

02

03

02

長方形のレイヤーの［不透明度］を「100％」に戻し、シェイプを写真の中央付近まで広げてダイナミックな構図を作っていきます。これに合わせて文字の位置や書体も調整していきましょう 04 （「for You」の文字）。雰囲気に合わせて飾りのシェイプ（「for YOU」の下のライン）も追加します 05 。

04

05

写真の奥行きに合わせたドロップシャドウの追加

03

レイヤーパネルでシェイプレイヤーを選択し、［レイヤースタイルを追加］から［ドロップシャドウ］を選択します。写真の中の影を見ながら［距離］、［スプレッド］、［サイズ］を調整して自然に馴染むようにしていきましょう。この後のテキストにも同様の効果をつけるために「包括光源を使用」にチェックを入れておきます 06 07 。

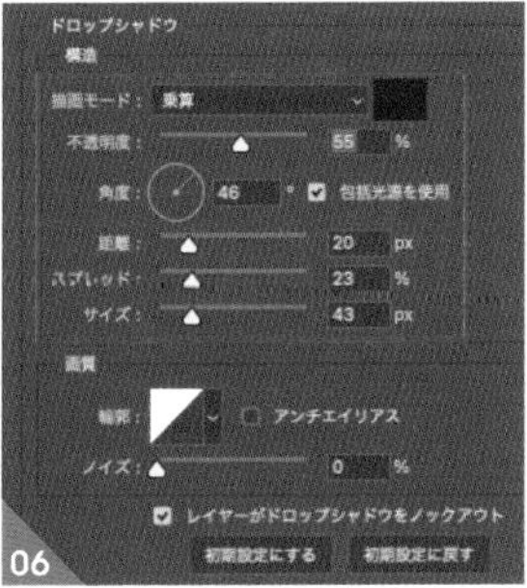

06

07

レイヤースタイルをコピーする

04 テキストレイヤーにもレイヤー効果をコピーしてドロップシャドウを追加します。レイヤーパネルでドロップシャドウを右クリックし、[レイヤースタイルをコピー] を選びます。
次に「SEASONAL GIFT」レイヤーを右クリックし、[レイヤースタイルをペースト] を選びます。ダブルクリックしてダイアログを開き、他の要素と馴染むように設定を調整しましょう。ここでは「距離」をすこし短くしました 08 。罫線と文字が写真の中の影と同じような奥行き感になるように調整していきましょう 09 。

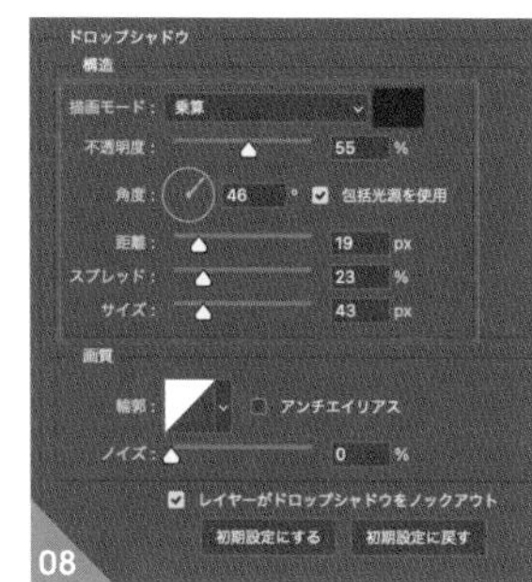

スマートオブジェクト化した罫線にレイヤーマスクを追加

05 ドロップシャドウ効果の描画も含めてマスクをかけるためにスマートオブジェクト化します。レイヤーを選択し、右クリックまたはオプションバーから [スマートオブジェクトに変換] で「sq」レイヤーと効果レイヤーをまとめます 10 。

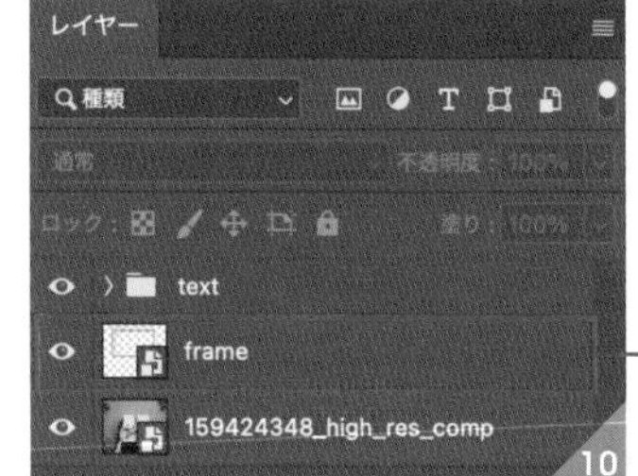

06 スマートオブジェクトを選択した状態で [長方形選択ツール] を使って不要な部分となる手や箱の部分を選択します 11 。[選択範囲メニュー→選択範囲を反転] を実行し、マスクをかけます 12 。

→

06 レイヤーパネルでレイヤーマスクサムネイルを選択した状態で、プロパティパネルの［選択とマスク］をクリックし、［表示：オーバーレイ］に変更して、手と重なる部分のマスクを調整していきます 13 。ブラシの黒で塗った箇所は罫線が隠れ（マスクされ）、白で塗った箇所は画像が見えます 14 。
ブラシとぼかしサイズの適度な数値を探しながらマスクを調整して完成です 15 。

CHAPTER 1

02 色面で分割した大胆でシャープな背景

所要時間

使用アプリケーション

制作・文 久川裕右

モデル写真とカラフルかつ大胆な背景素材を組み合わせます。人物を各々切り抜き、平行四辺形のパーツと組み合わせます。背景に柄を加えることで、よりポップで目立った印象にすることに成功。文字の見せ方も背景パーツとリンクさせることで、大胆な印象に仕上がります。

POINT1

切り抜いた人物画像と平行四辺形を組み合わせる

POINT2

背景パーツに柄を加えることでポップさを加える

POINT3

文字の見せ方も背景パーツとリンクさせるなどし、大胆な仕上がりに

人物を切り抜き、平行四辺形と組み合わせる

01 はじめに使用する人物画像を切り抜きます。元バナーの人物の背面にある長方形のレイヤーを削除し、1人の人物のレイヤーを選択して、[選択範囲メニュー→被写体を選択] で人物の選択範囲を作成します 01 。さらに選択範囲の調整を行ないましょう。[選択範囲メニュー→選択とマスク] を選択し、「選択とマスク」ワークスペースで選択範囲を調整します 02 。今回は [髪の毛を調整] で選択範囲を整えます 03 。調整が完了したら [OK] をクリックし、選択範囲が点滅している状態でレイヤーパネル下部の [レイヤーマスクを追加] ボタンでレイヤーマスクを作成して、人物画像の切り抜きの完了です 04 。
同様の手順で残り3人分の人物画像の切り抜きデータを準備し、人物画像の準備が整います 05 06 07 。

01

02

[選択とマスク] で確認

04

03

05

06

07

02 続けて、背景に配置するカラフルな平行四辺形のパーツを準備していきます。
[長方形ツール] で作成した [塗り : #2fdbff] の長方形を [パス選択ツール] を用いて平行四辺形に調整します 08 。平行四辺形をコピーして等間隔で配置し、それぞれ塗りを「#42be22」、「#f98e00」、「#f759f8」に設定します 09 。
背景の平行四辺形の並列したカラフルなデータの準備が完了します。

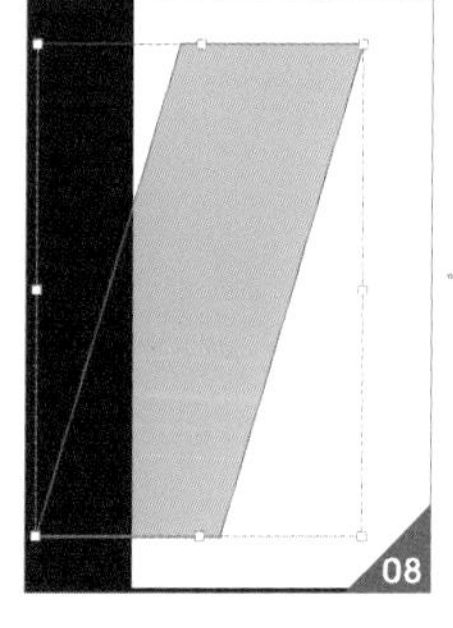
08

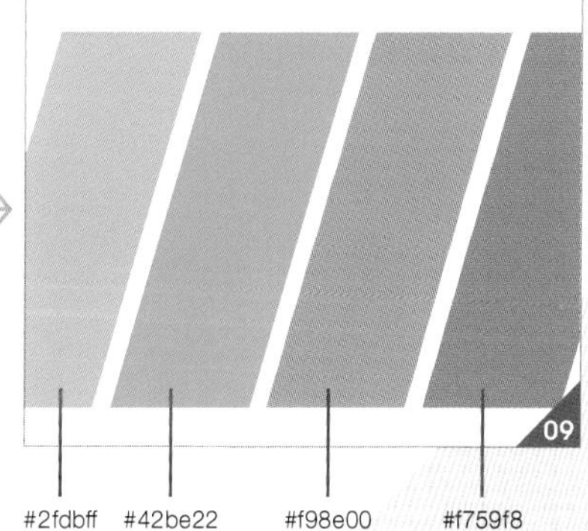

09

03 各々の平行四辺形に人物データをリンクさせていきます。
通常、該当レイヤーを右クリックして［クリッピングマスクを作成］でマスクをかけていきますが、クリッピングマスクでは頭部の一部分が隠れてしまいます 10 。程よく立体感を演出していきたいので、今回はリンクさせる平行四辺形上に人物画像をそのまま乗せます 11 。
背景の平行四辺形のレイヤーサムネイルを⌘キーを押しながらクリックし、平行四辺形の選択範囲を作成します。shiftキーを押しながら、［長方形選択ツール］で頭部の隠したくない部分の選択範囲を追加します。

10
人物画像レイヤーでクリッピングマスクを作成すると、頭部の一部が隠れてしまう

11
平行四辺形の上に人物画像を乗せただけの状態

04 ［選択範囲メニュー→選択範囲を反転］で不要な部分の選択範囲を作成し 12 、レイヤーパネルで手順01で作成した人物の［レイヤーマスクサムネール］を選択します。レイヤーマスクで不要な部部の選択範囲を黒（#000000）で塗りつぶすことで 13 、頭部を隠すことなく人物データと背景の平行四辺形のリンクした画像が準備できます 14 。

同様の手順で残り3人分の人物画像を平行四辺形とリンクさせることで、人物画像と平行四辺形を組み合わせる作業が完了します 15 。

12

14

13
レイヤーマスクを選択した状態で、反転した選択範囲を黒で塗りつぶす

15

MEMO
サイズなどの調整を行なう前に、人物画像はレイヤーパネルメニューあるいは右クリックで［スマートオブジェクトに変換］を選択してスマートオブジェクトにしておきましょう。

背景の平行四辺形に柄を加える

05 続けて、背景パーツに柄を加えることでポップさを加えていきます。
ここではIllustratorのベクターデータで背景に配置する総柄のデータを4種類準備しました **16** 。

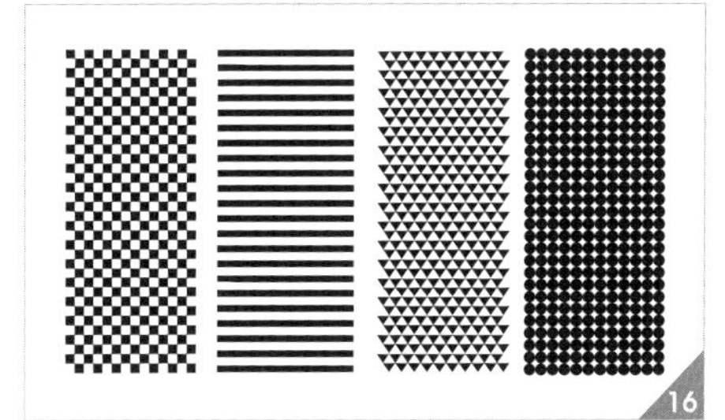

06 Illustratorで一番左の柄をコピーし、Photoshopに戻り、ペーストします。「ペースト」ダイアログが表示されるので、[ペースト形式：スマートオブジェクト] を選択し、該当する平行四辺形上にペーストします。
ペーストしたベクトルスマートオブジェクトは、レイヤーパネルで人物画像と平行四辺形の間に配置し、右クリックで [クリッピングマスクを作成] を選択して、ペーストした柄のデータにマスクをかけます **17** 。
レイヤーパネルでペーストした柄のレイヤーをダブルクリックし、「レイヤースタイル」ダイアログで [カラーオーバーレイ] を選択します。[描画モード：通常]、[カラー：#0384de]、[不透明度：100%] で色付けします **18** 。
さらにレイヤーパネル上部の [不透明度：20%] に調整することで **19** 、左端の背景パーツに柄を加えることが完了します **20** 。
同様の手順で各柄のデータをペーストし、各々「#2d9729」、「#fffc00」、「#e10065」で色付けし、不透明度を調整します **21** 。

ペーストした柄にマスクをかける

カラーオーバーレイと不透明度で調整

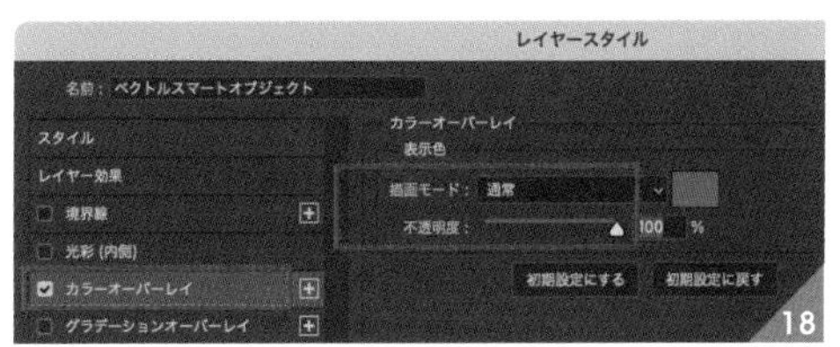

文字と背景パーツをリンクさせる

07

最後に文字の見せ方も背景パーツとリンクさせるなどして、より大胆に仕上げていきます。

メインの英語のコピーを配置します 22（作例では「Bebas Kai」フォントを使用しています）。

髪の上に文字がかかってしまっているのでマスクをかけます。各々の人物データのレイヤーのレイヤーマスクサムネールを⌘+shiftキーを押しながらクリックして人物の選択範囲を準備します。

［選択範囲メニュー］→［選択範囲を反転］で人物以外の選択範囲が点滅している状態で 23、メインコピーのテキストレイヤーを選択し、レイヤーパネル下部の［レイヤーマスクを追加］ボタンでメインの英語のコピーが人物画像で少し隠れた状態になります 24。

22

24

23

08

続けて、日本語と英語のサブコピーのテキストを配置します 25。視認性を上げつつデザイン性も出したいので［長方形ツール］を用いて、ザブトンの要素を各々のテキストレイヤーの下部に追加します。背景の平行四辺形の傾きに合わせて、［パス選択ツール］を用いてザブトンの形状を傾いた状態に調整します 26。

25

26

背景の平行四辺形に合わせて傾ける

09 「NEW BRAND DEBUT!」のテキストレイヤーも［編集メニュー→変形→歪み］の効果を用いて背景の平行四辺形と同様の傾きに調整します 27 。
最後にURLとアイコンのデータを右下に配置することで、色面で分割した大胆でシャープな背景のデザインが完成します 28 。

03 複雑なグラデーションを使った華やかな背景

After

写真以外でも
華やかさを演出したい

Before

所要時間

10分

使用アプリケーション

制作・文 コネクリ

Illustratorのフリーグラデーションを使ってグラデーション背景を作成し、Photoshopでバナーを仕上げます。作成したグラデーション背景に描画モードを調整した文字を重ねることで、グラデーションを生かしつつ華やかな印象にします。

POINT1

フリーグラデーションでグラデーション背景を作成する

POINT2

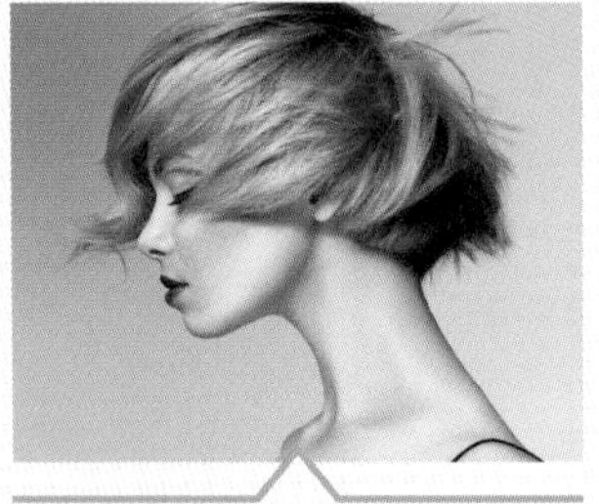

リンクオブジェクトとしてグラデーション背景を配置する

POINT3

描画モードを調整した文字で背景を華やかな印象に

Illustratorでグラデーションを作成する

01 IllustratorとPhotoshopを両方使ってバナーを作成します。

まず、Illustratorでグラデーション背景を作成します。「bg.ai」を開きます。「bg.ai」はバナーサイズと同じ［W：1280px］、［H：1000px］のアートボードです 01 。「bg」レイヤーにグラデーションを作成していきます 02 。

01

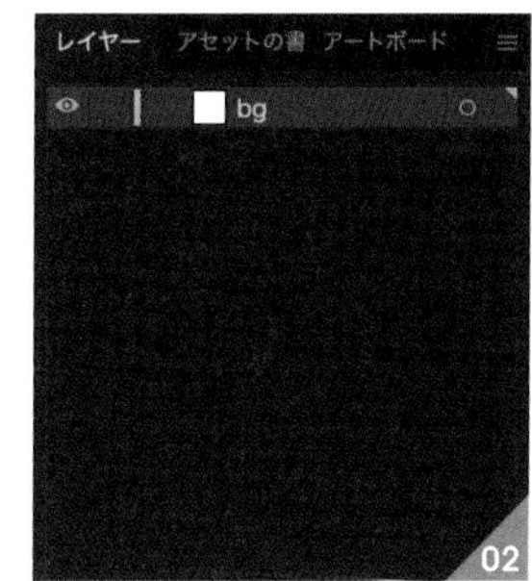

02

02 フリーグラデーションでグラデーション背景を作成していきます。［塗り］を前面にしてフリーグラデーションをアクティブにします。

［長方形ツール］を選択し、アートボードを覆う長方形を作成します。［線：なし］、［塗り］は何色でもかまいません 03 。

03

MEMO

フリーグラデーションがアクティブにならない場合は、［塗り］が前面になっているか確認してください。

03 ［選択ツール］で長方形を選択し、グラデーションパネルで 04 のように設定します。四隅にカラー分岐点が追加されたのでそれぞれ色を変更していきます 05 。

04

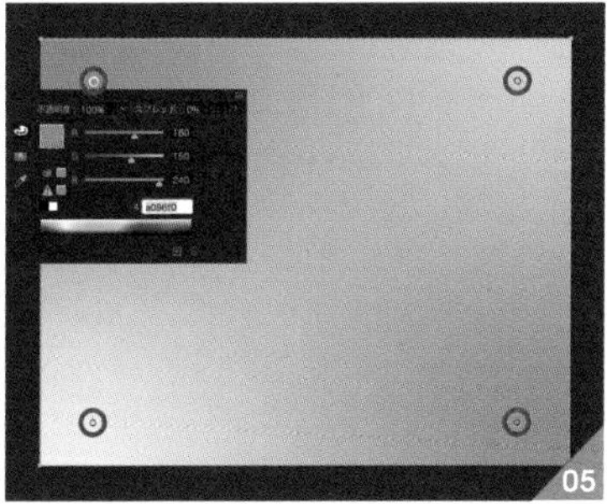
05

左上：R160／G150／B240
右上：R250／G200／B200
左下：R250／G190／B230
右下：R180／G230／B250

MEMO

今回の配色は、紫・ピンク・青とバナーで使用する人物の髪の色などから色を選定しています。人物が目立つようペールトーンで優しい色合いのグラデーションにします。

04 最後に中央にカラー分岐点を追加し 06 、カラーを［R210／G190／B230］とします 07 。「bg.ai」を保存してPhotoshopに切り替えましょう。

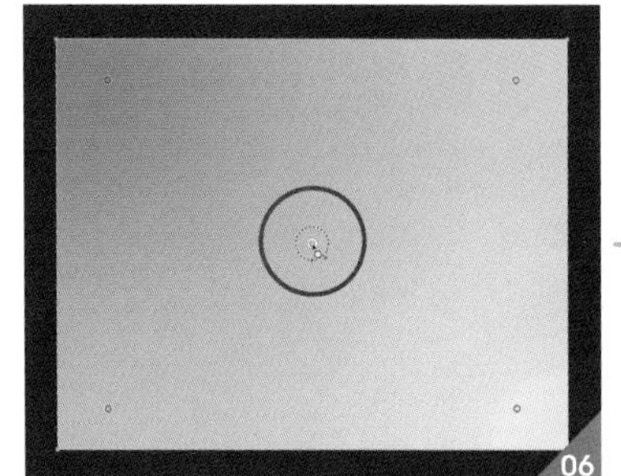
06

07

Photoshopにグラデーション背景を配置する

05 Photoshopでバナーを仕上げます。「01-03_before.psd」を開きます。このデータを元に加工していきます 08 。
ベタ塗りの白のレイヤー名を「bg」、背景装飾を「bg_txt」、人物の切り抜きを「photo」、文字情報を「txt」としてそれぞれ配置、「bg_txt」と「txt」グループは非表示にしています 09 。

08

09

06 リンクオブジェクトとしてグラデーション背景を配置します。
レイヤーパネルで「bg」レイヤーを選択し、［ファイルメニュー→リンクを配置］を選択します。ダイアログで先ほど作成した「bg.ai」を選択し、「スマートオブジェクトとして開く」ダイアログはそのままの設定で［OK］をクリックします 10 。

10

MEMO
「スマートオブジェクトとして開く」ダイアログではaiデータにアートボードが複数ある場合、アートボードを指定して読み込むことなどが可能です。

背景に文字を追加する

07 背景がさびしいので、グラデーションの背景に描画モードを調整して文字を重ねることで、グラデーションを生かしつつ華やかな印象にします。
まず、レイヤーパネルで「bg_txt」グループを表示します。「bg_txt」グループは「NEW OPEN　NEW OPEN　NEW OPEN」というテキストを縦に6つ並べたレイヤーから構成されたグループです 11 。
「bg_txt」グループを選択し、[描画モード：オーバーレイ] に設定します 12 。最後に「txt」グループを表示して完成です 13 。

「txt」グループを表示

縦位置のバナーに展開する際は、グラデーションを適用した長方形のサイズも変える

小さなバナーに展開するときも、グラデーションの雰囲気を保つようにリサイズするとよい

04 スウォッチをうまく使って タータンチェックを表現する

所要時間

使用アプリケーション

制作・文 佐々木拓人

ストライプやドット柄は可愛いですが、見慣れていることからあまり代わり映えはしません。そこで、凝ったタータンチェックの背景を作ってみましょう。スウォッチをうまく使い、少し手間をかけることでガラッと印象を変えることができます。

POINT1

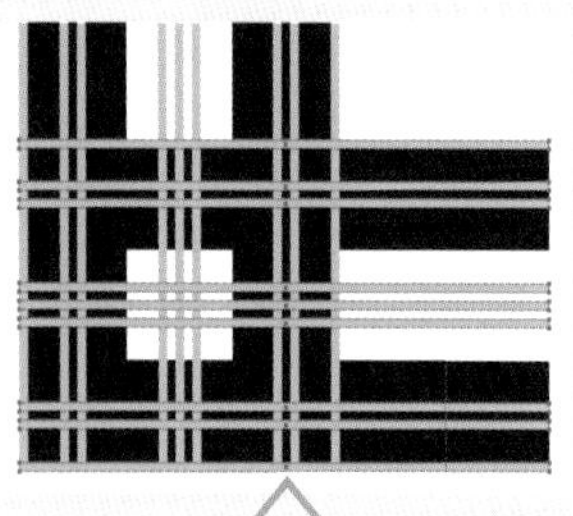

長方形と正方形でパターンの元を作成する

POINT2

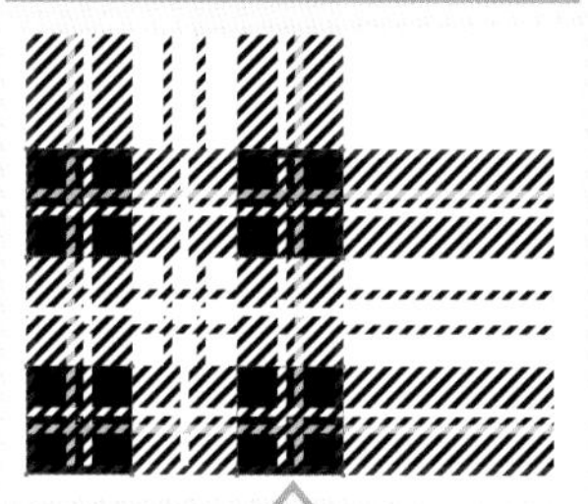

パターンの元にストライプのスウォッチを適用する

POINT3

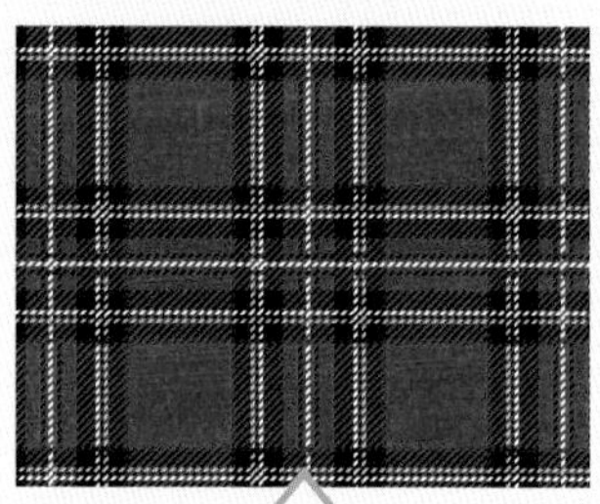

背景に赤を入れてタータンチェックに仕上げる

ベースのパーツを作成する

01 背景をタータンチェックにしていきます。文字のレイヤーを非表示にし、背景のストライプは不要なので削除します。[幅：100px]、[高さ：100px]の正方形を描画し 01 、複製して 02 のように並べましょう。

01

02

02 次に[幅：8px]、[高さ：500px]の長方形を描画します 03 。塗りを見分けがつくグレーにし、横に複製して5つ並べ 04 、さらに先ほどのオブジェクトに重ねて 05 のように配置します。そこから余計な箇所を削除します 06 。

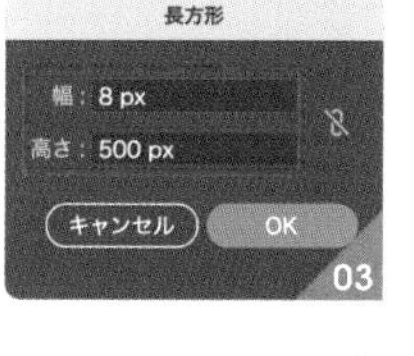

03

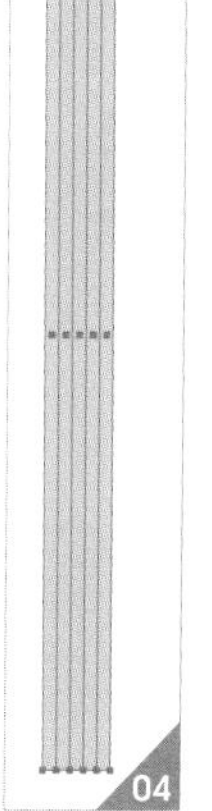
04

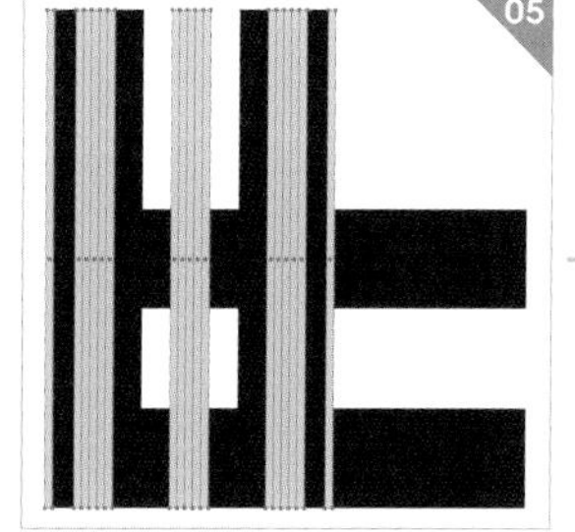
05

06

03 グレーの長方形をすべて選択し、[回転ツール]をダブルクリックします。[角度：90°]に設定して[コピー]をクリックして複製します 07 。このパーツを 08 のように配置します。

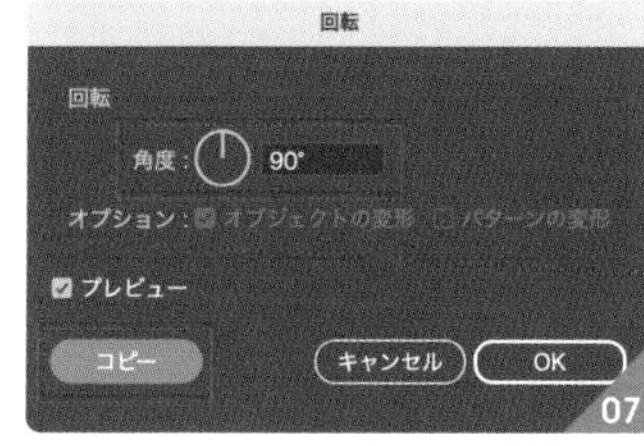

07

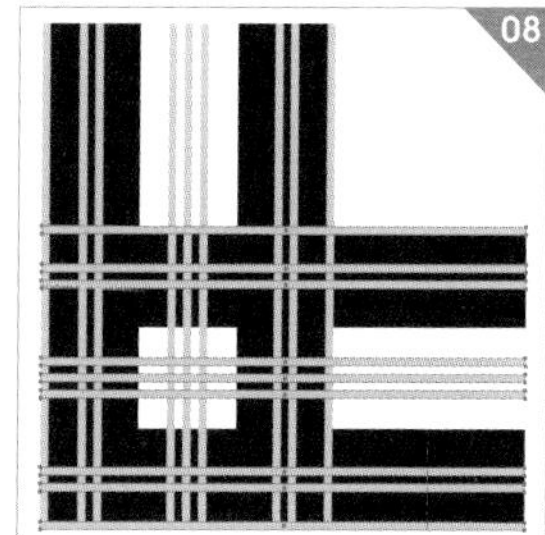
08

ストライプのパターンを作る

04 続けて［幅：50px］、［高さ：16px］の長方形 09 と、［幅：50px］、［高さ：8px］の長方形 10 を描画し、2つを整列パネルの［水平方向中央に整列］、［垂直方向上に整列］で整列します 11 。背面の長方形の線と塗りをなしにして、このペアを3つ複製して4つにします 12 。

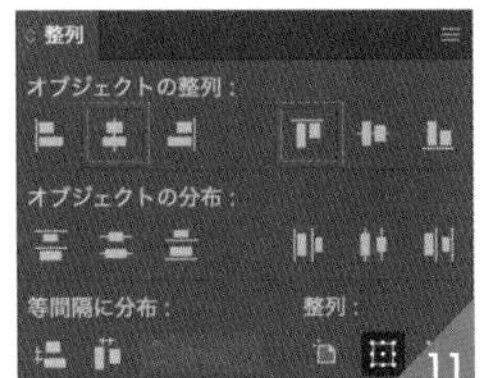

11

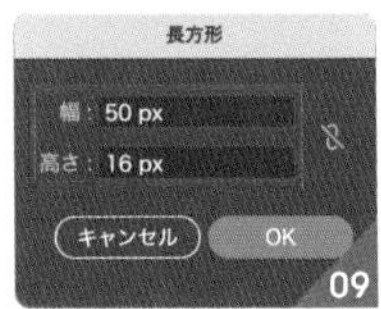

09

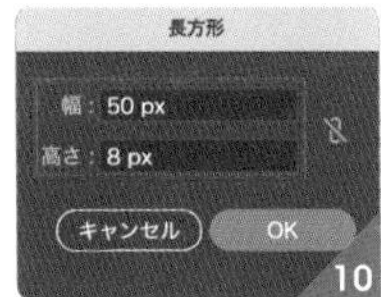

10

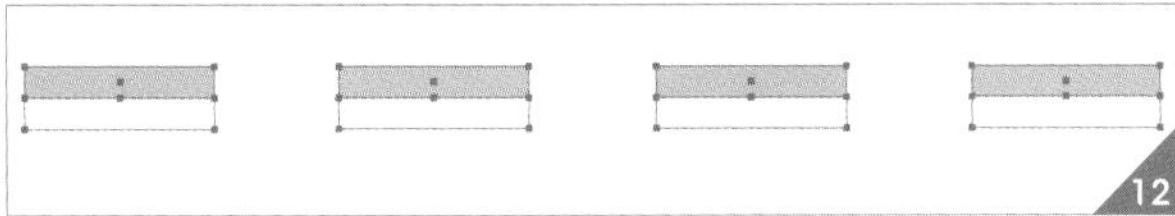
12

05 上半分の長方形のカラーをそれぞれ黒、紫 13 、黄色 14 、白に設定します 15 。それぞれのペアをスウォッチパネルにドラッグして登録しましょう 16 。

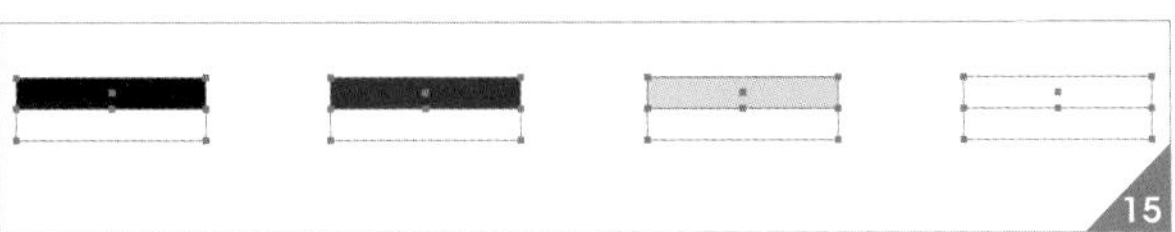
15

13

14

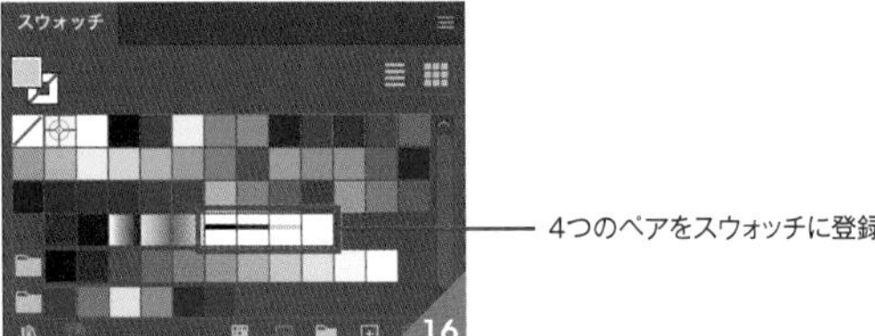

16

スウォッチを利用してタータンチェックを作る

06 作業の邪魔にならないようにいったんグレーの長方形を⌘+3キーで隠し、正方形のみが表示された状態にします。これらの正方形に先ほど登録した黒のパターンのスウォッチを適用します 17 。

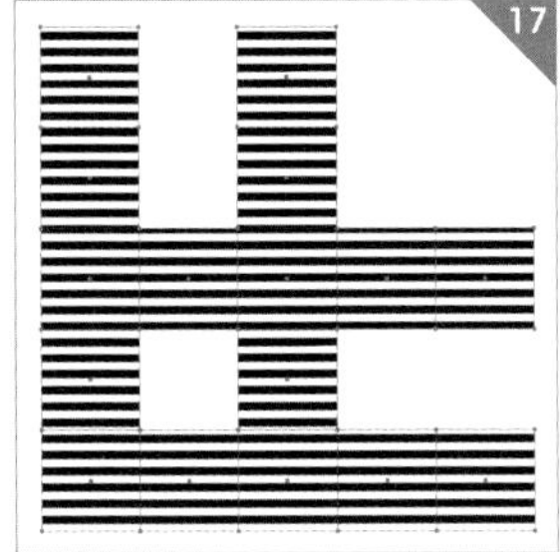
17

07 ［回転ツール］をダブルクリックし、［角度：45°］に設定、［オブジェクトの変形］のチェックを外して、［パターンの変形］にチェックを入れて実行します 18 19 。

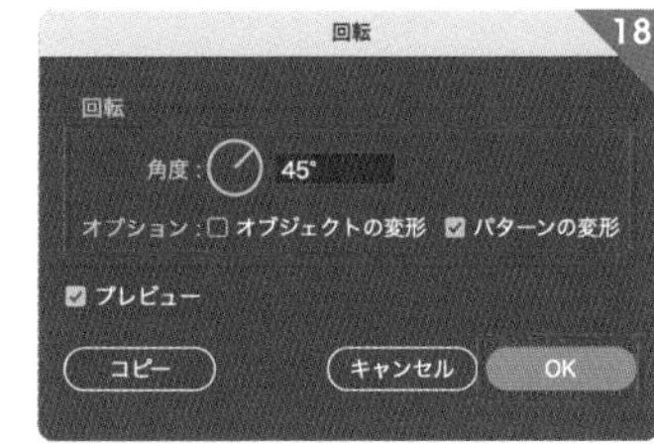

［パターンの変形］にチェックを入れる

08 さらに［拡大・縮小ツール］をダブルクリックし、［縦横比を固定：72％］に設定、［オブジェクトの変形］のチェックを外し、［パターンの変形］にチェックを入れて適用します 20 21 。

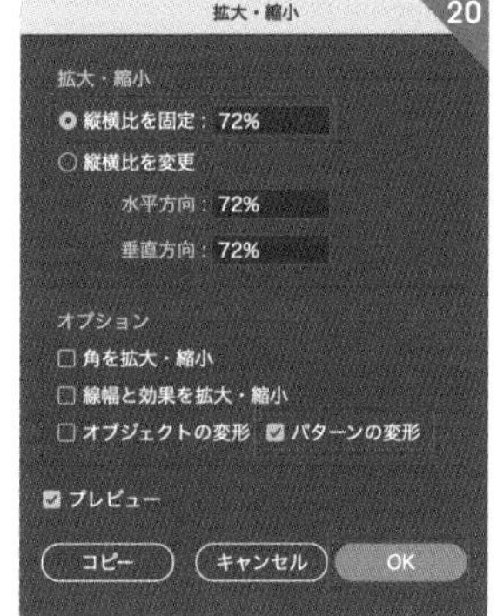

09 ⌘＋option＋3キーを押して隠しておいたグレーの長方形を表示し、22 のように4つの長方形を選択して、［スポイトツール］で斜めのパターンを選択していきます。この状態でスウォッチで紫のパターンに変更します 23 。こうすることで、黒のパターンと紫のパターンがずれません。

→

10 同様に、ほかのパターンスウォッチも適用します 24 。

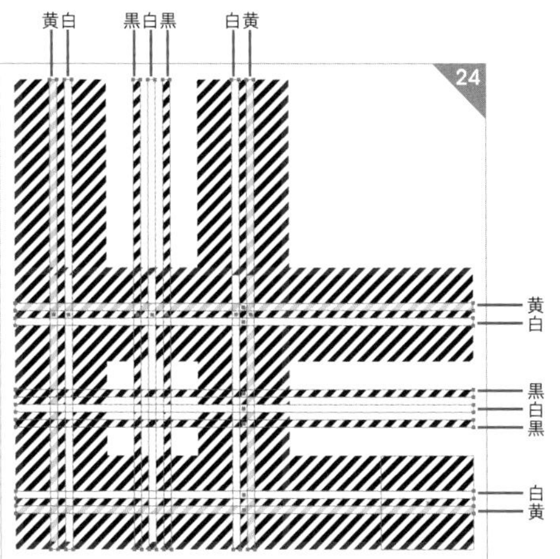

11 続けて手順05で作成した黒のパターンスウォッチのオブジェクトを［回転ツール］で180°回転し、スウォッチに再登録します 25 26 。

黒のパターンを180°回転

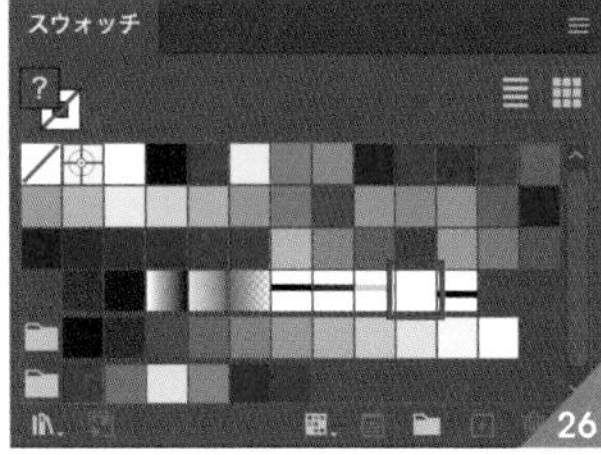

12 正方形を 27 のように4つ選択し⌘+Cキーでコピーして、⌘+Bキーで背面へペーストします。そのまま手順11で反転したパターンスウォッチを適用します 28 。

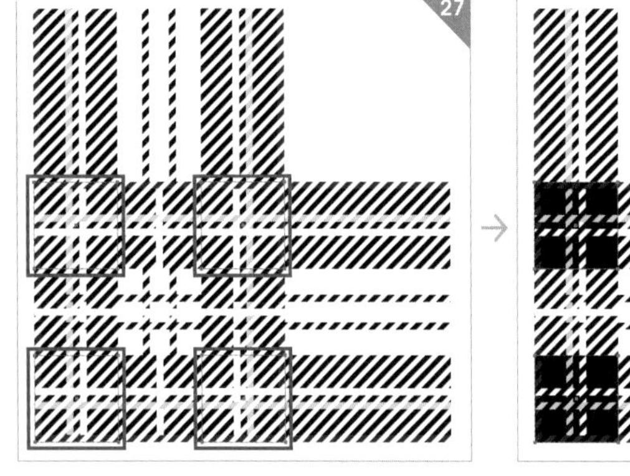

→

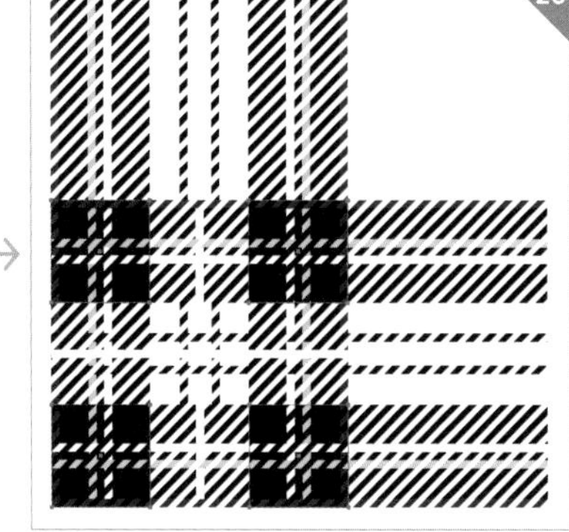

13 最後に背面に正方形を描画し、塗りのカラーを「R230／G5／B25」に設定します 29 30 。これを複製して敷き詰めて背景にすれば完成です 31 。

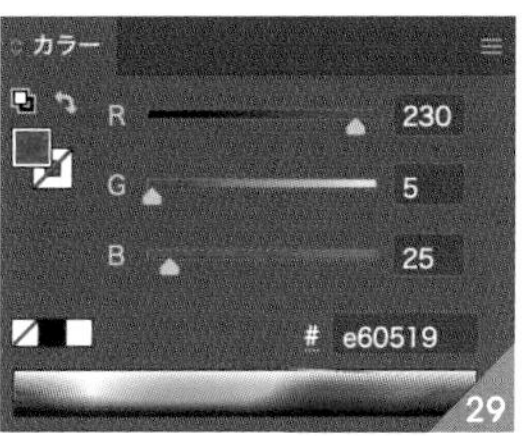

29

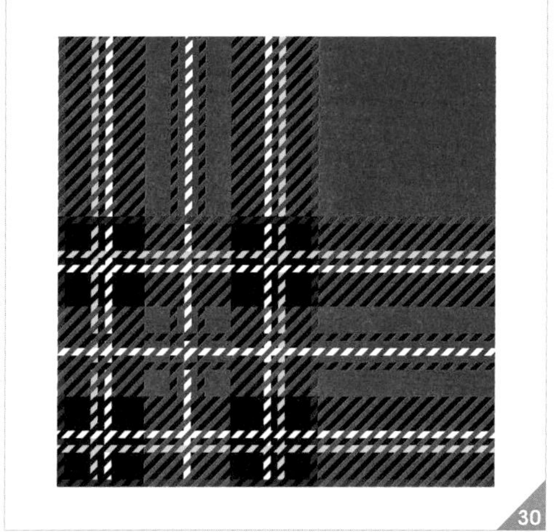
30

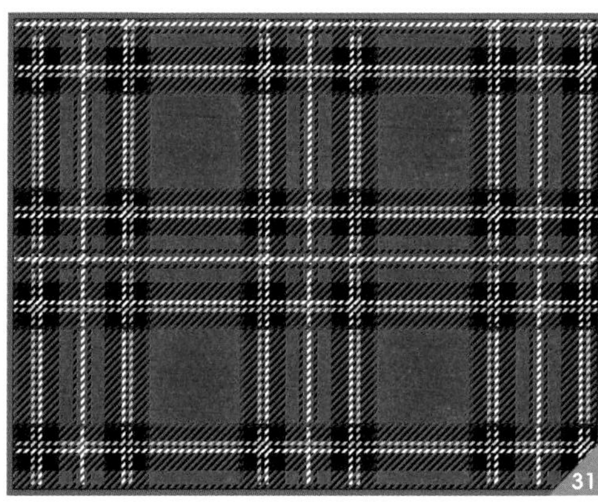
31

05 ドットの模様を加工して退屈さを感じさせない表現にする

After

SUMMER SALE
2023.07.20-08.14
詳しくはこちらから

シンプルな背景にひと工夫を足したい

Before

SUMMER SALE
2023.07.20-08.14
詳しくはこちらから

所要時間

10分

使用アプリケーション

制作・文　佐々木拓人

一見、オーソドックスなドット柄に見えるけれども、よくよく見るとひとつひとつのドットが歪んでいたり、ぼけていたり、といった加工を行います。ちょっとした違和感をデザインの中に入れ込むことで、差別化を図ることができます。

POINT1

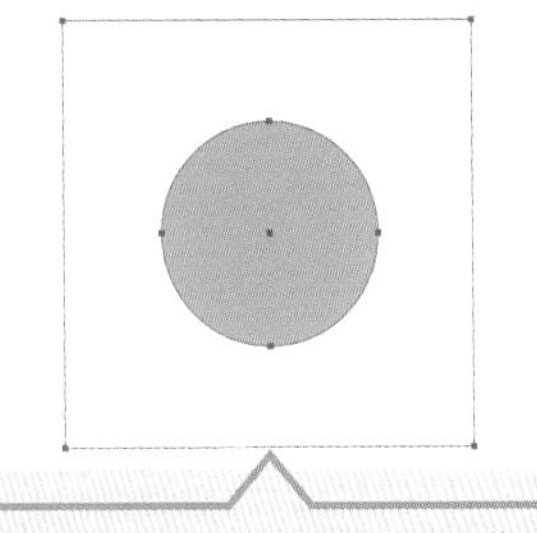

ドットのパターンスウォッチを作成する

POINT2

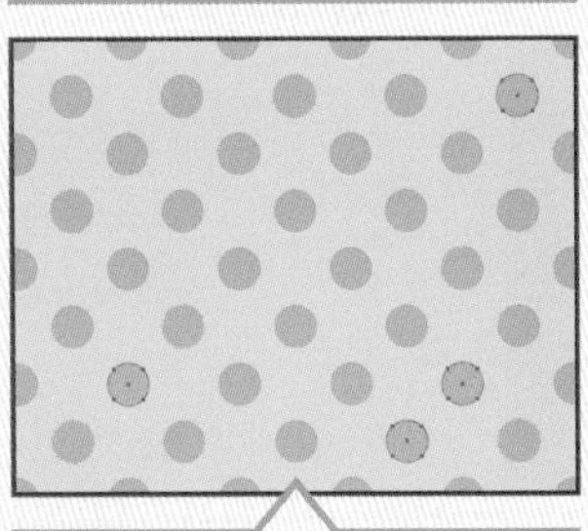

模様をラフで変形して輪郭をアレンジする

POINT3

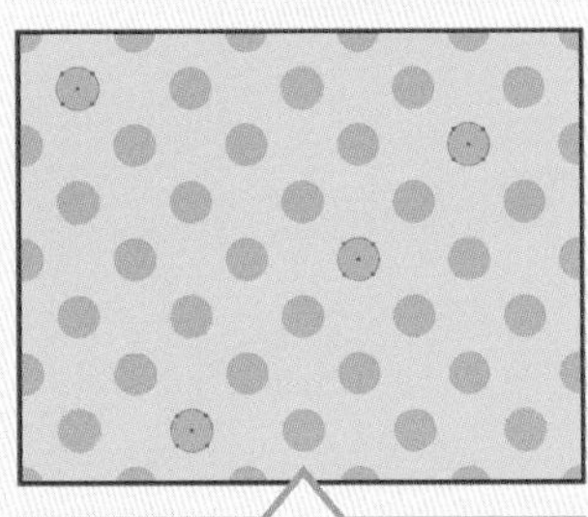

ぼかしも加えて奥行き感を表現する

ドットのパターンを作る

01 ドットのベースを作成します。[楕円形ツール]で[幅:95px]、[高さ:95px]の正円を描画し 01 、[塗り:R128/G199/B236]に設定します 02 03 。

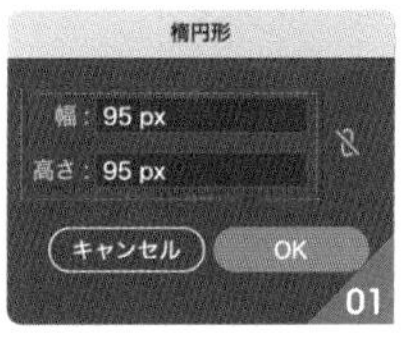

01

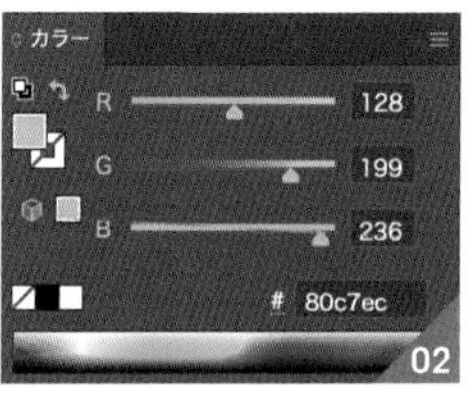

02

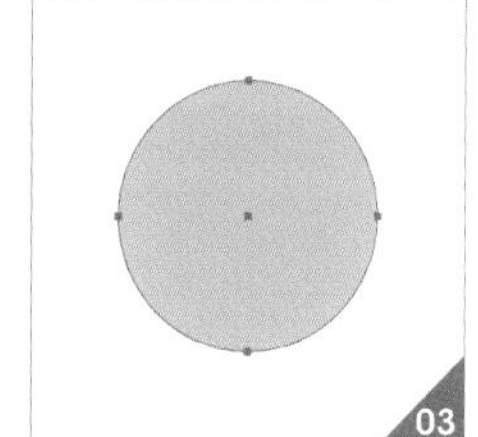
03

02 続けて[長方形ツール]で[幅:180px]、[高さ:180px]の正方形を描画し 04 、塗りと線をともになしに設定して、最背面に配置します。正円と中央に揃えて 05 、スウォッチパネルにドラッグして登録します 06 。

04

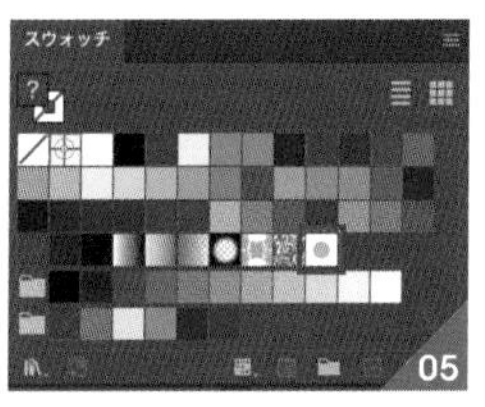

05

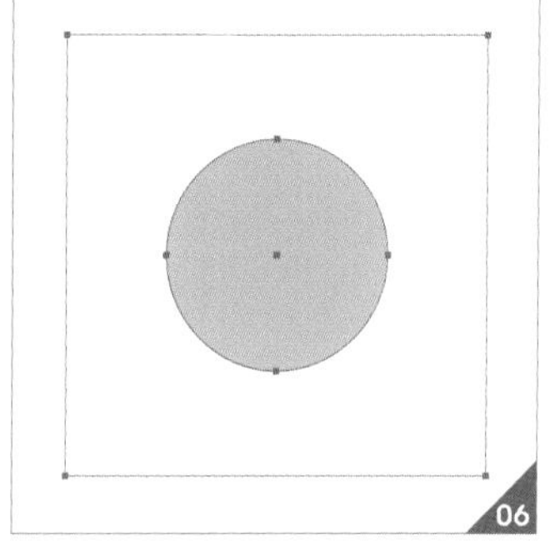
06

03 バナーサイズの長方形を選択し、⌘+Cキー、⌘+Fキーで前面に複製して、塗りに手順02で作成したパターンスウォッチを適用します。そのまま[回転ツール]で[角度:45°]に設定し、[オブジェクトを変形]のチェックを外して、[パターンを変形]にチェックを入れて適用します 07 08 。

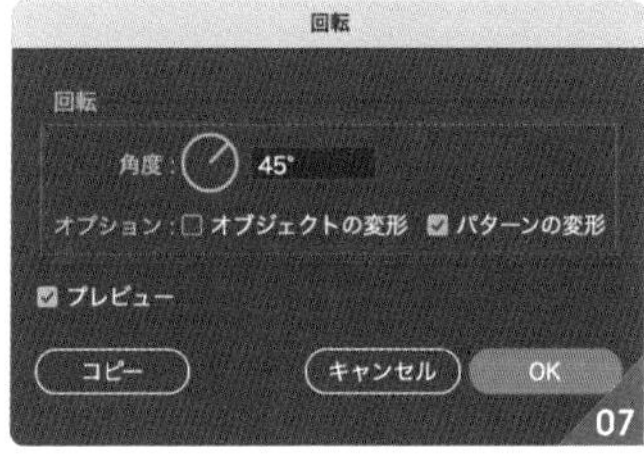

07

08

04 ［ダイレクト選択ツール］を選択し、^キーを押しながらパターンをドラッグして、繰り返しの切れ目がちょうどよくなるように位置を調整します 09 。

09

ドットを変形する

05 ［オブジェクトメニュー→分割・拡張］を実行し、ここまでに作成したパターンをオブジェクト化します 10 。これでパターンの円がそれぞれ選択できるようになりました。［グループ選択ツール］で正円を好きに何個か選び、［効果メニュー→パスの変形→ラフ］を 11 の設定で適用して輪郭をギザつかせます 12 。

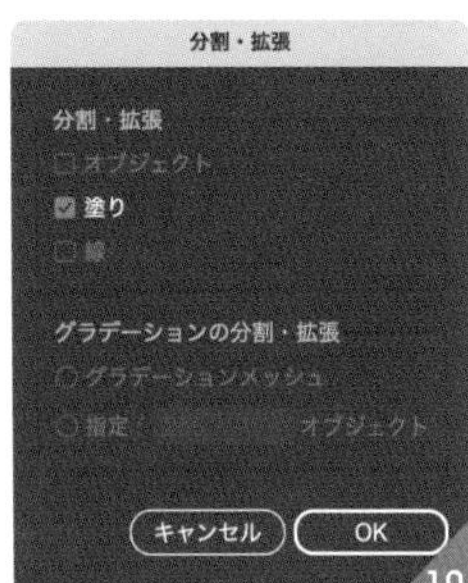

10

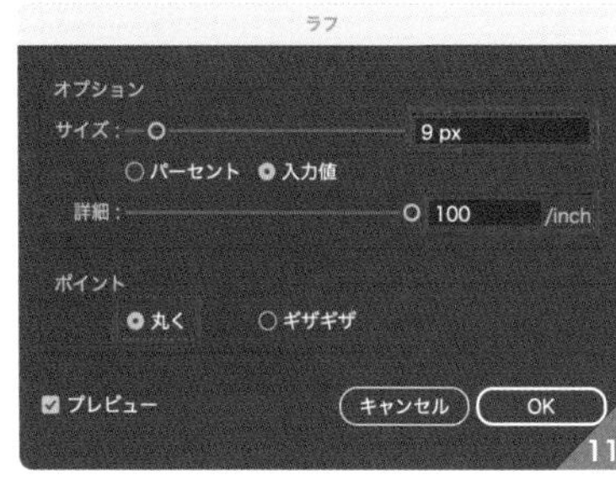

11

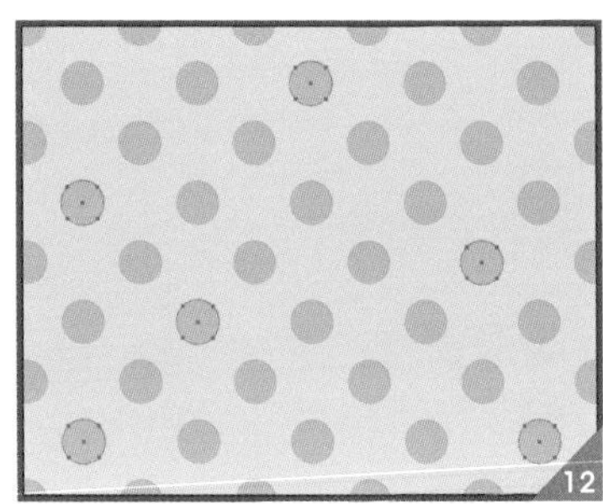
12

06 同じく正円を数個選択し、［効果メニュー→パスの変形→ラフ］を 13 の設定で適用していびつな形にします 14 。

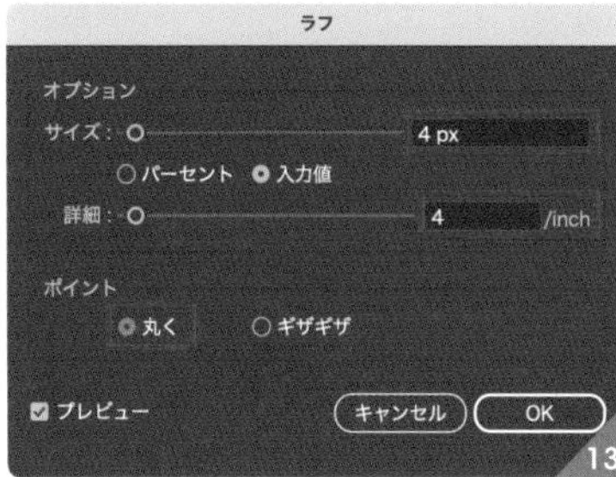

13

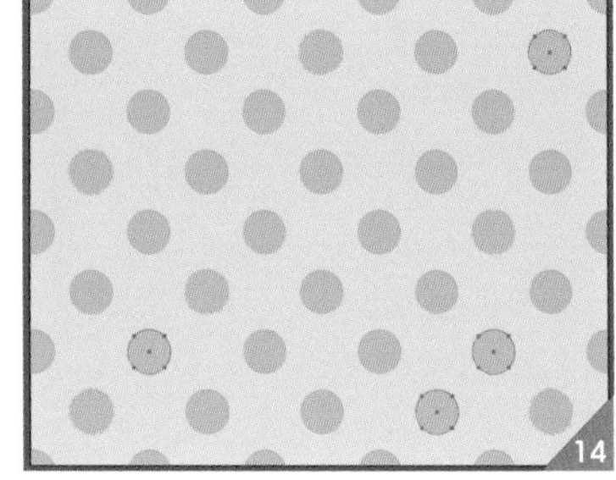
14

07 最後にまた正円を数個選択し、[効果メニュー→ぼかし→ぼかし(ガウス)]を 15 の設定で適用して、輪郭をぼかします 16 。文字のレイヤーを表示すれば完成です 17 。

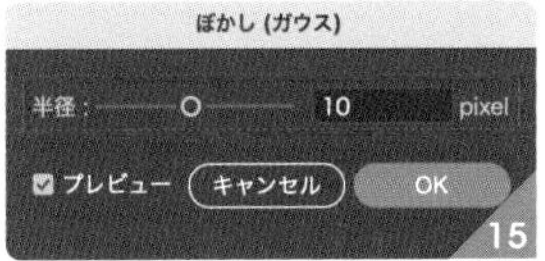

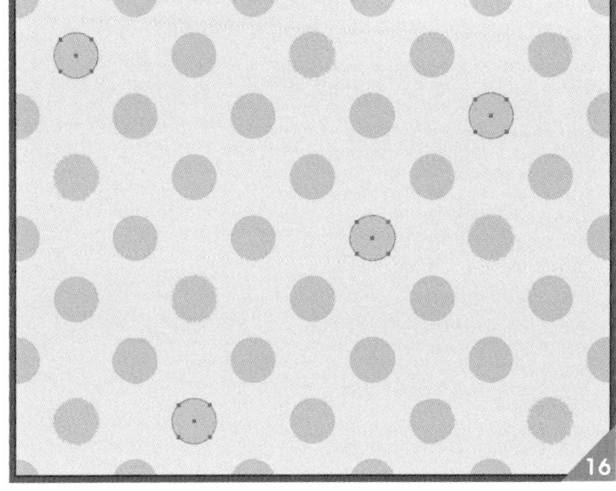

06 バリケードテープで インパクトのあるバナーに

所要時間

使用アプリケーション

制作・文　高野 徹

Illustratorのブラシ機能を活用して、バリケードテープを作成します。写真上にフレームのように配置することで、インパクトのあるバナーにしてみましょう。期間限定など注意を促すビジュアルに最適な飾りです。

POINT1

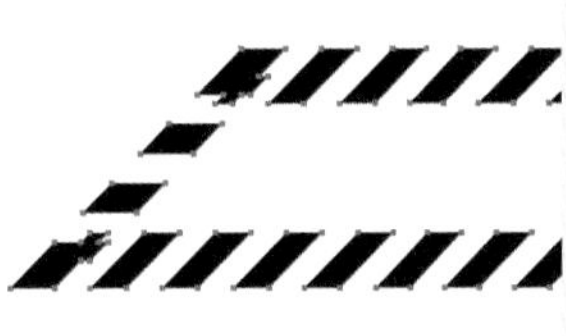

破線を変形させてトラテープ模様にする

POINT2

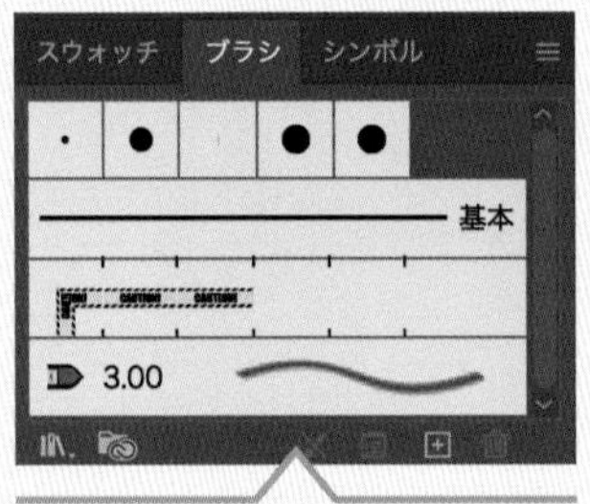

作成したバリケードのパーツをブラシ登録する

POINT3

直線を描画してバリケードテープのブラシを適用する

トラテープ模様を作成する

01 元データ(01-06_before.ai)を開き、レイヤーパネルで「design」レイヤーを非表示にし、上層に新規レイヤーを追加し名前を「brush」とします 01 。このレイヤーにバリケードテープのブラシを作成していきます。

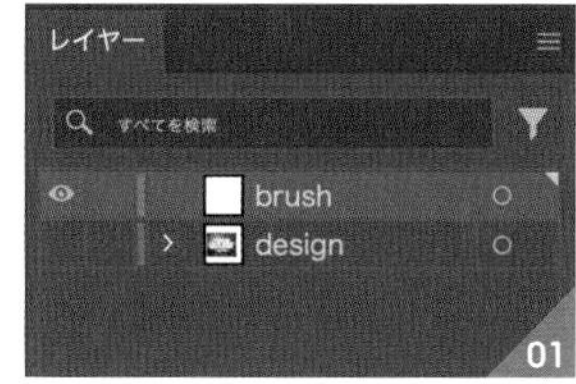

01

02 [長方形ツール]でアートボードをクリックして[幅:600px]、[高さ:100px]の長方形を描きます 02 。線パネルで[線幅:30pt]に設定し、さらに[破線]にチェックを入れて[線分:20pt]に設定、[コーナーやパス先端に破線の先端を整列]をクリックします 03 04 。

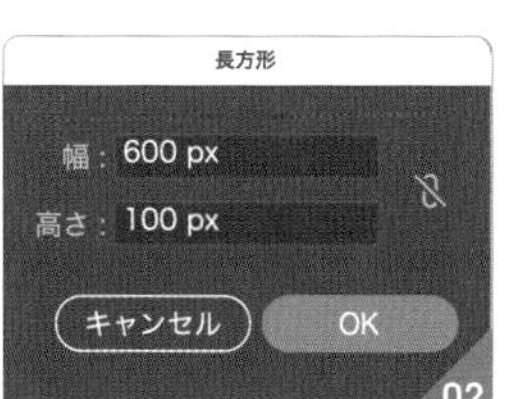

02

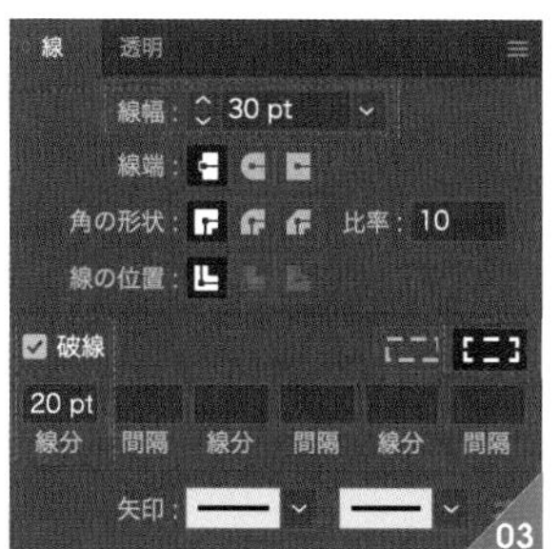

03

04

03 [オブジェクトメニュー→パス→パスのアウトライン]を選択し、破線を塗りオブジェクトにします 05 。いったん選択を解除し、[グループ選択ツール]で破線のコーナー部分を2回クリックすることで破線すべてを選択します 06 。

05

06

04 ［シアーツール］をダブルクリックしてダイアログを開き、［シアーの角度：45°］、［方向：水平］で［OK］ボタンをクリックします 07 08 。

08

05 ［グループ選択ツール］で背景の四角形を選択し、［オブジェクトメニュー→重ね順→最前面へ］を適用します 09 。変形パネルで基準点を中央に設定して、幅を［W：400px］に変更します 10 11 。

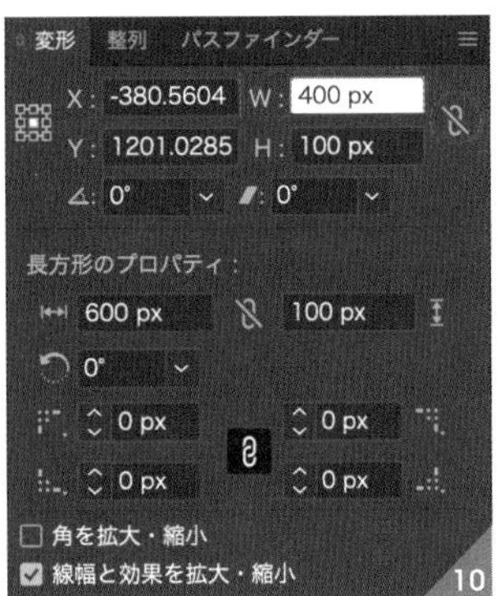

10

MEMO

変形パネルでは、縦横比の固定の選択は解除して変形を行なってください。

06 ［選択ツール］で破線も同時に選択して［オブジェクトメニュー→クリッピングマスク→作成］を適用します 12 。

12

バリケードテープの素材を完成させる

07 続けてパスファインダーパネルの［分割］をクリックしてオブジェクトを分割します 13 。［グループ選択ツール］で中央のオブジェクトのみを選択し、塗りを黄色（R252／G210／B33）に設定します 14 15 。

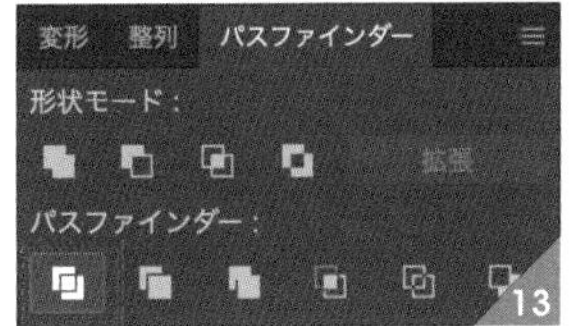

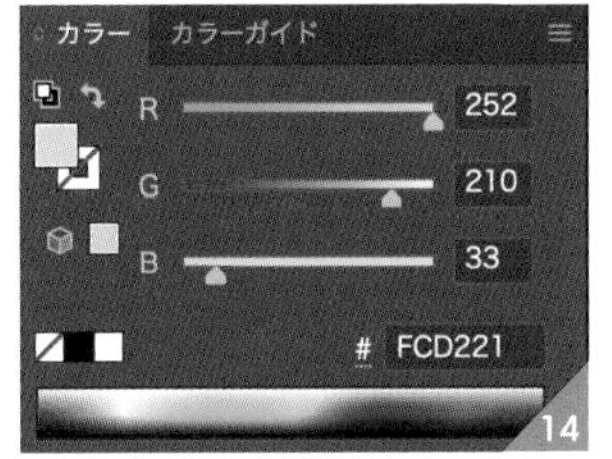

08 ［文字ツール］を選択し、文字パネルで［フォント：Impact Regular］、［フォントサイズ：60pt］に指定して 16 、アートボード上で「CAUTION!」と入力します。

そして、［選択ツール］で手順07で作ったオブジェクトの中央に移動して配置し、［書式メニュー→アウトラインを作成］を適用します 17 。

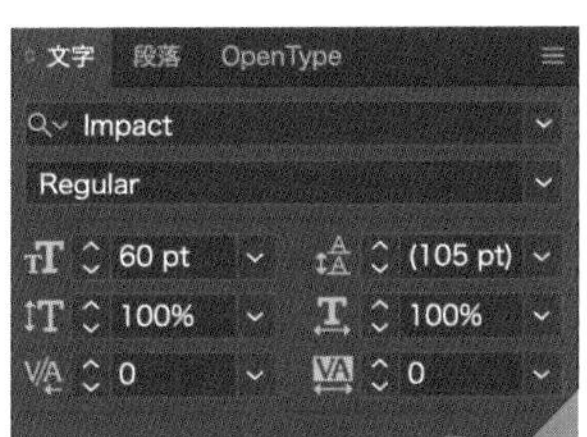

バリケードテープの素材をブラシに登録する

09 作成したオブジェクト全体を選択し、ブラシパネルの［新規ブラシ］ボタンをクリックします。「新規ブラシ」ダイアログで［パターンブラシ］を選択し［OK］ボタンをクリックします 18 。

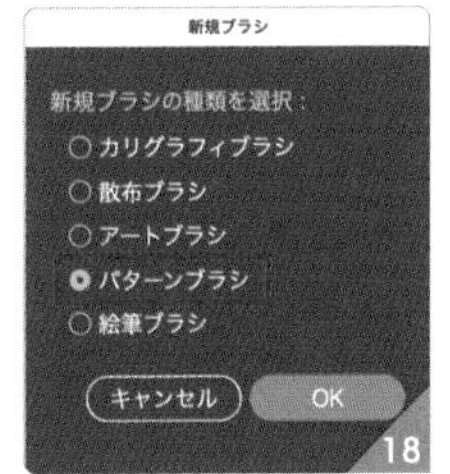

10 「パターンブラシオプション」ダイアログが表示されるので、ここでは設定を変更せずに［OK］ボタンをクリックすることで 19 、バリケードテープのブラシができます 20 。

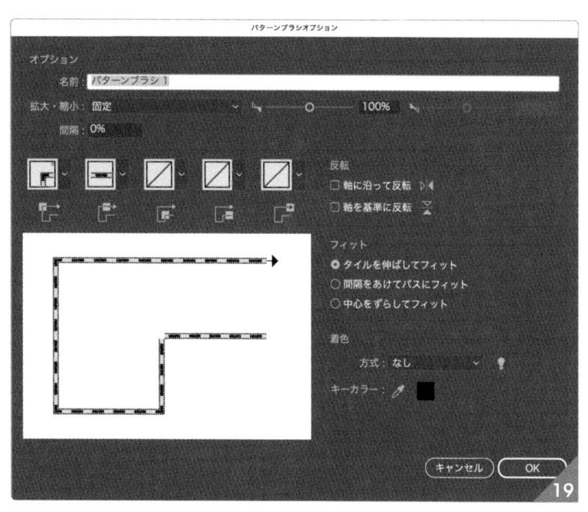

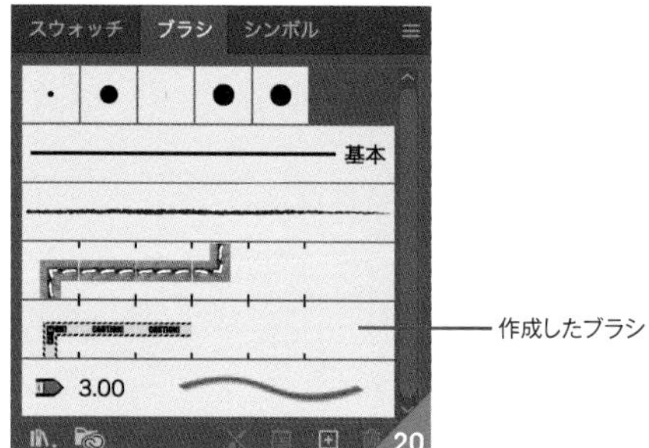

バリケードテープを配置する

11 レイヤーパネルで「design」レイヤーを表示に、「brush」レイヤーを非表示にします。最上層に新規レイヤーを追加し名前を「tape」とします 21 。

［直線ツール］でパスを描き、ブラシパネルで作成したブラシをクリックすることで、パスがバリケードテープになります 22 。

12 デザイン上でバランスを見ながら4つテープを配置します 23 。
最後にバナーサイズの長方形を描き、ブラシを適用したパスを同時に選択して［オブジェクトメニュー→クリッピングマスク→作成］でマスクすれば完成です 24 。

23

24

SIZE VARIATION

サイズバリエーション

banner 320×600 px

縦長に展開するときは、バリケードテープで文字のエリアを分割してもよい

banner 320×100 px

横長サイズで展開する際は、文字要素を中央に固めて、フレームのようにテープを配置しよう

07 ノイズの入ったグラデーションでアナログ感を表現する

After

学ぶこと、知ることは、

楽しい！

グラデーションが直線的で独自性がない

Before

学ぶこと、知ることは、

楽しい！

所要時間

使用アプリケーション

制作・文 mito

キーメッセージを枠線で囲み、さらに手書き風の文字にすることでメリハリをつけましょう。また、背景にアナログの質感をプラスすることでデザイン性を高めていきましょう。

POINT1

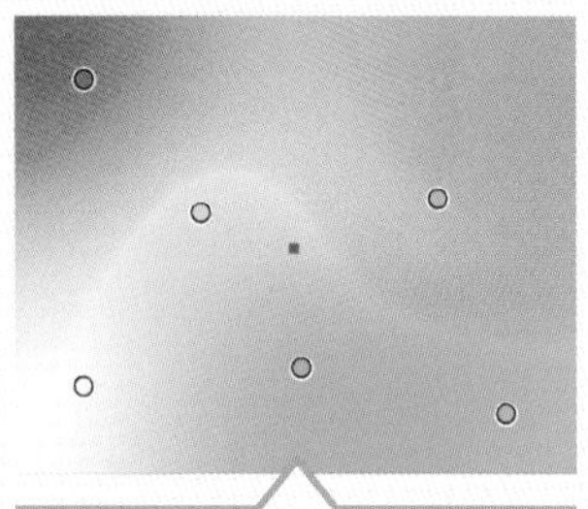

フリーグラデーションで色を混ぜる

POINT2

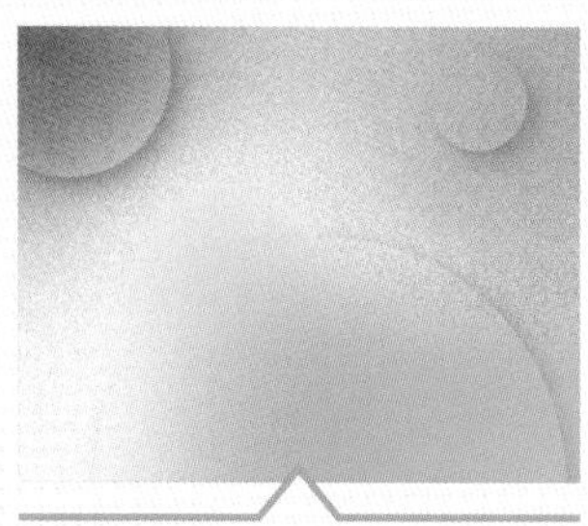

背景にオブジェクトとノイズを追加する

POINT3

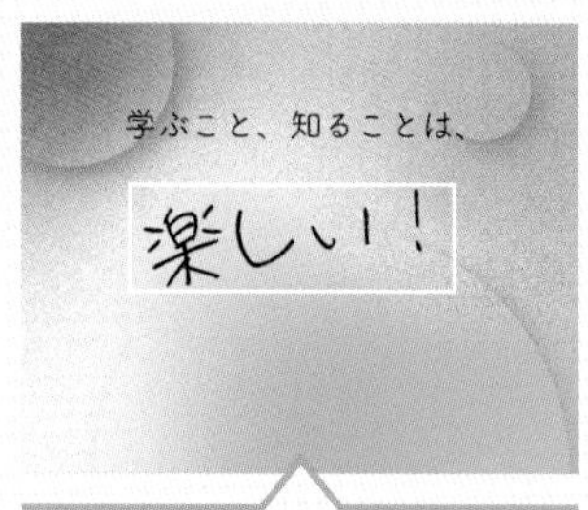

キーメッセージを枠線で囲み目立たせる

基本のグラデーションを作る

01 ［長方形ツール］を選択し、アートボードサイズと同じ大きさの長方形を用意します。［グラデーションツール］をダブルクリックし、表示されたグラデーションパネルから［種類：フリーグラデーション］、［描画：ポイント］を選択します 01 。

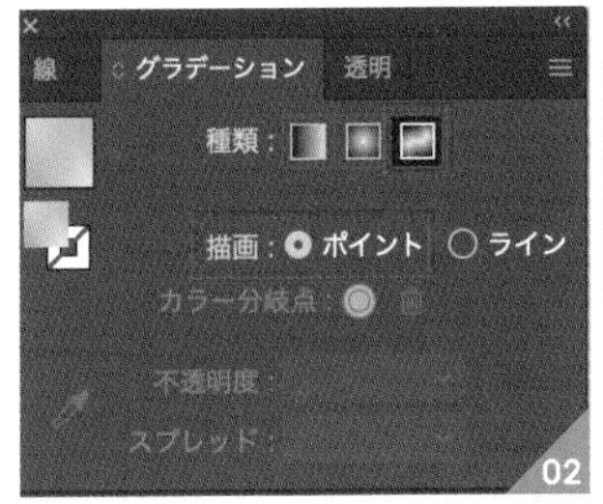

デフォルトで表示されている4点の丸を1つずつダブルクリックし、それぞれ左上から時計回りに「#fe694a」、「#ffb4ce」、「#04d7de」、「#f7f643」を設定します 02 。

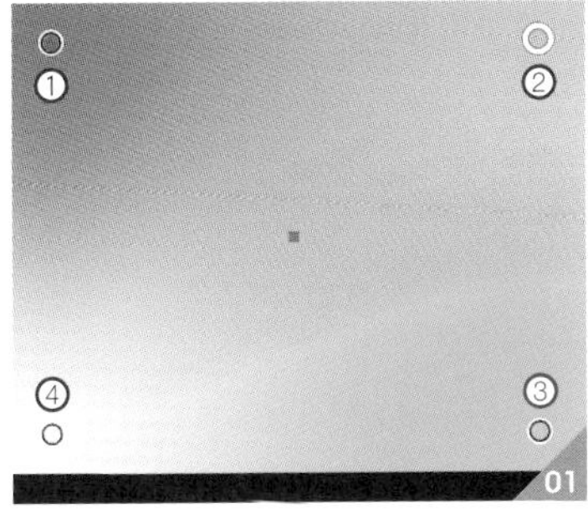

①：#fe694a
②：#ffb4ce
③：#04d7de
④：#f7f643

02 フリーグラデーションのポイントを2つ追加します。［グラデーションツール］を選択した状態で選択している長方形上にマウスカーソルをのせると、マウスカーソル位置にアイコンが表示されるので、黄色の上あたりでクリックし、左から「#cafa3f」、「#50dc83」を追加します 03 。色の分量などを見てポイントの位置を動かします 04 。

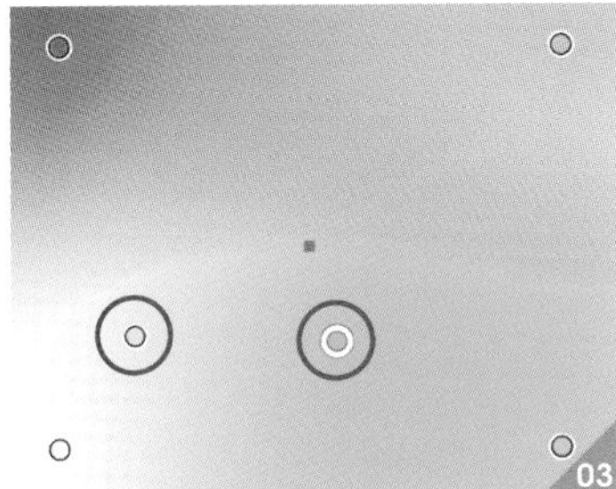

ポイントを2つ追加

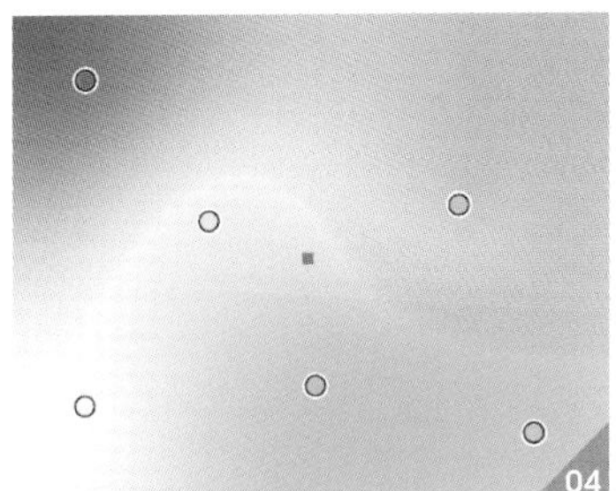

ポイントを移動

03 長方形を選択した状態で、アピアランスパネルを開き、「新規効果を追加」をクリックし、［テクスチャ→粒状］を選択します 05 06 。

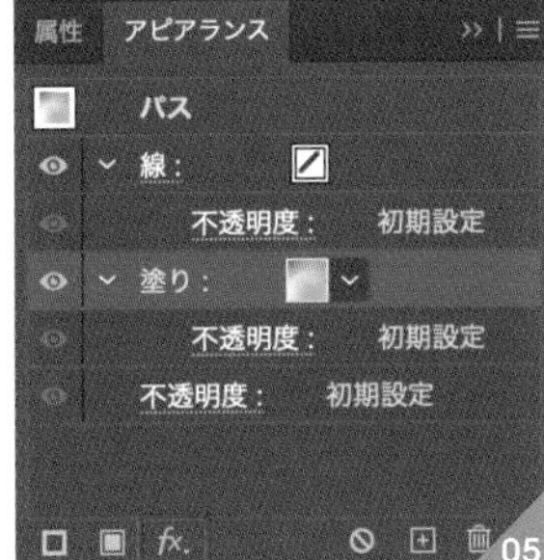

04 「粒状」ウィンドウのプレビュー画面を確認しながら調整します。ここでは［密度：20］、［コントラスト：63］にして、［OK］をクリックします 07 08 。

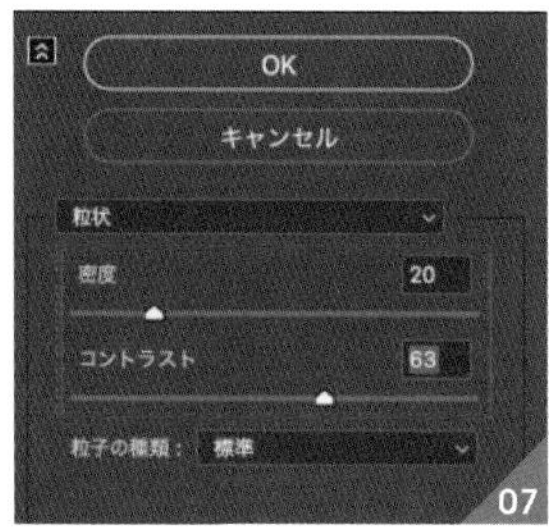

07

08

背景にオブジェクトを追加する

05 ［楕円形ツール］を選択し、適当な大きさの楕円を作成します 09 。長方形をコピーして現在ある位置と同じ位置に貼り付けます（shift+⌘+V） 10 。

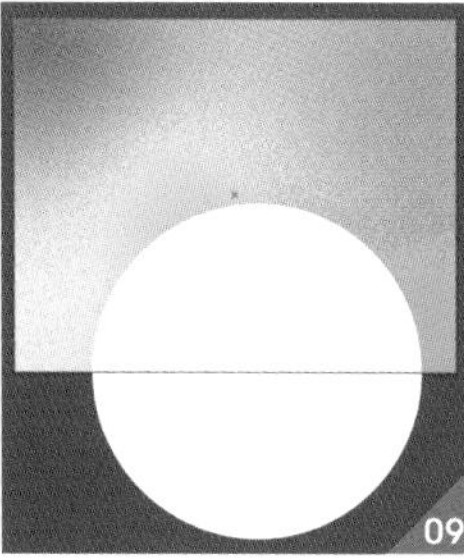
09

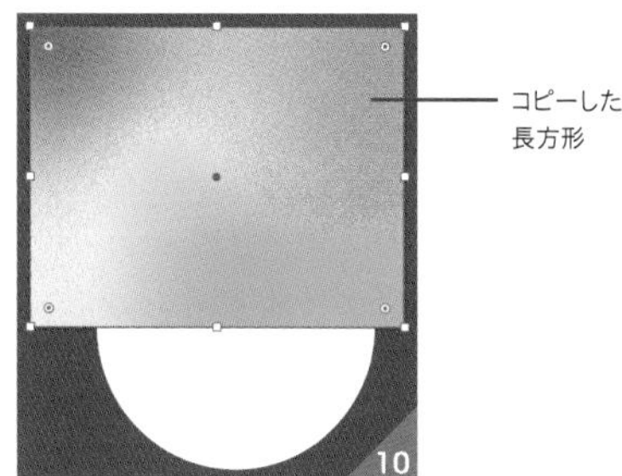
10

コピーした長方形

06 コピーした長方形と楕円形を選択し、レイヤーパネル上で位置を入れ替え、［オブジェクトメニュー→クリッピングマスク→作成］をクリックし、グラデーションの楕円にします 11 12 。

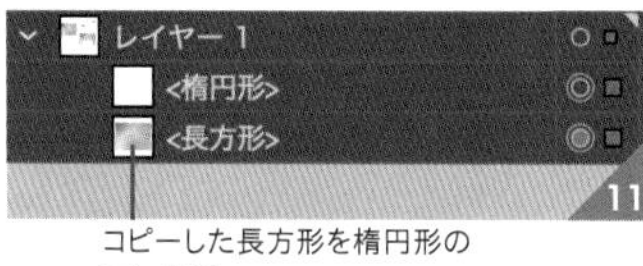

11

コピーした長方形を楕円形の下に配置

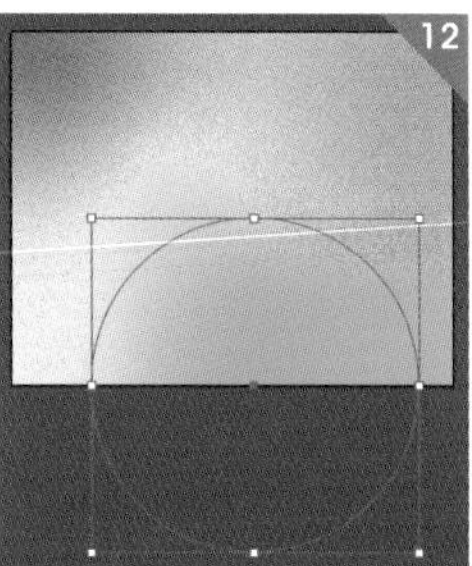
12

楕円を選択した状態で、アピアランスパネル下部の［新規効果の追加］から［スタライズ→ドロップシャドウ］を選択します。「ドロップシャドウ」ダイアログで、［描画モード：乗算］、［不透明度：20％］、［X軸オフセット：20px］、［Y軸オフセット：25px］、［ぼかし：25px］、［濃さ：100％］に設定します 13 14 。

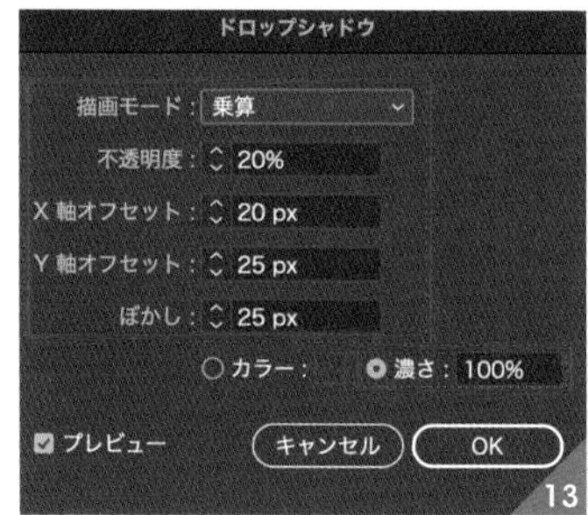

13

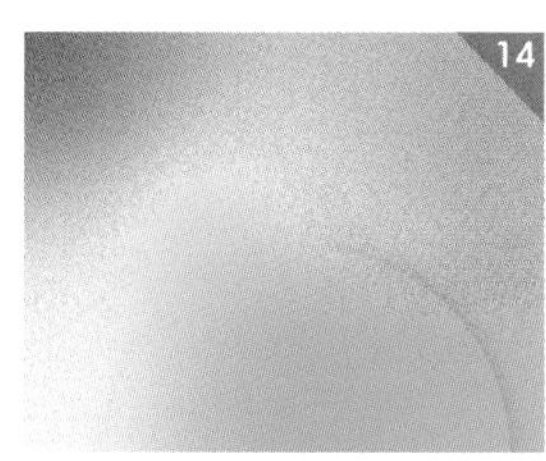
14

07 円の大きさを変えて、手順05、06と同じ操作を2回繰り返します 15 。

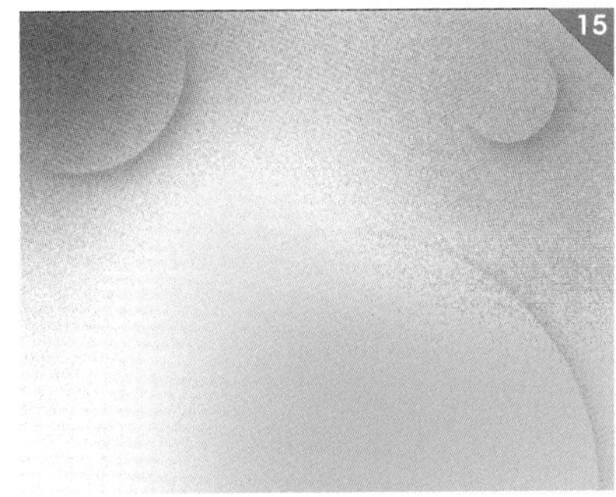
15

テキストを配置する

08 テキストを配置します。楽しい雰囲気をプラスするために、「楽しい」という文字は手書き風のフォントを使います。作例では、「TA恋心」を使用しています。
さらに強調するために［長方形ツール］を選択し、文字の外側に白い枠線をつけます。さらに、文字のバウンディングボックスの四角のいずれかの付近でドラッグすることで文字を傾けます 16 。

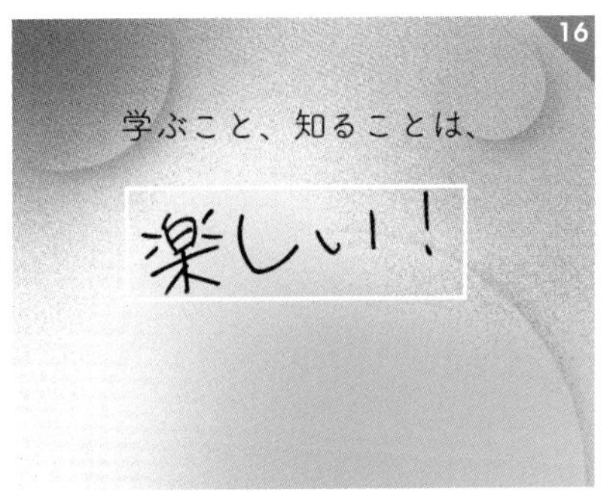

16

矢印オブジェクトを作成する

09 ［長方形ツール］を選択し、小さめの正方形を作成します。［塗り：なし］、［線：6px］とします 17 。
［選択ツール］で長方形を選択し、バウンディングボックスを表示させた状態で、右上の四角のあたりをshiftキーを押しながらドラッグし、45°傾けます 18 。

17

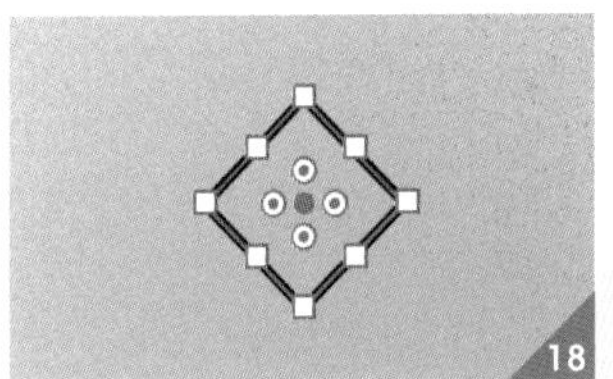
18

45°傾ける

10 ［ダイレクト選択ツール］を選択し、正方形の上部の角のみクリックします。選択中のバウンディングボックスは□の中に色がつくので、その状態でdeleteキーを押します 19 20 。
［選択ツール］に持ち替え、［オブジェクトメニュー→複合パス→作成］でパスを整えます 21 。作成したパスを少しずらした位置に、optionキーを押しながらドラッグすることでオブジェクトを複製します 22 。作成した矢印を白に変更して、完成です 23 。

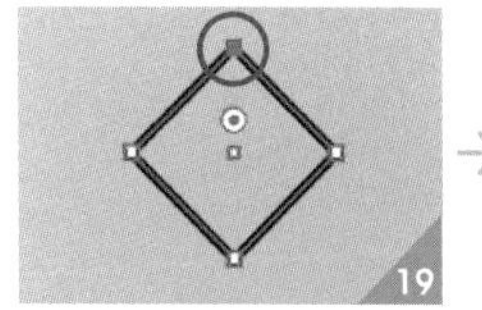
上部のバウンディングボックスだけを選択

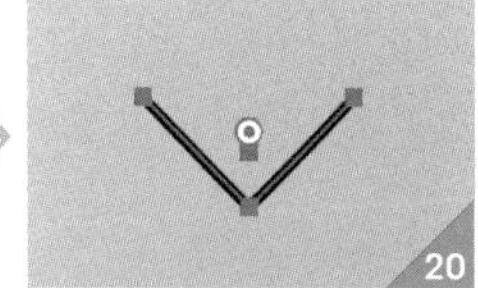
deleteキーで削除

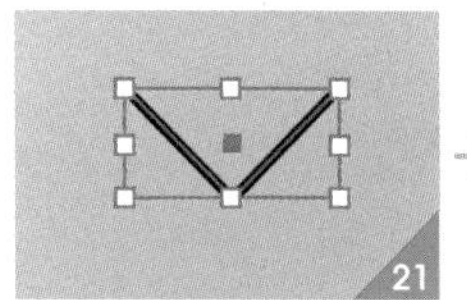

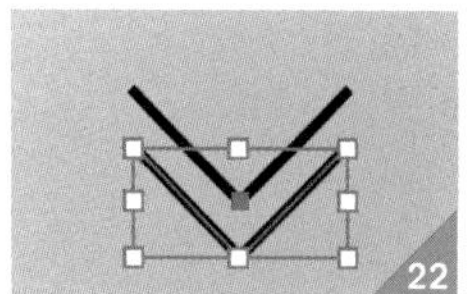
optionキーを押しながらドラッグして複製

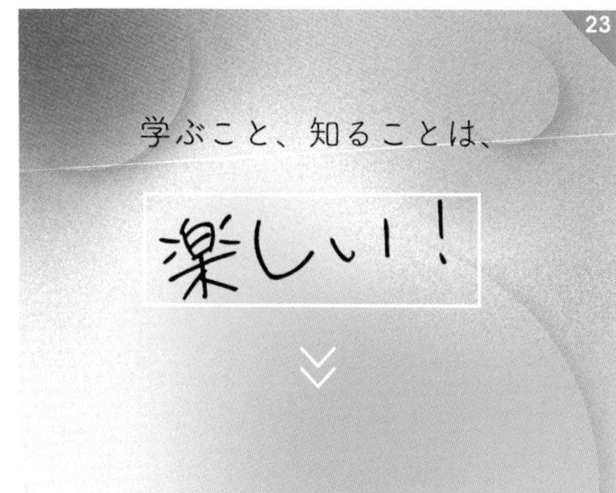

SIZE VARIATION
サイズバリエーション

banner 320×600 px
「楽しい」を中央配置にし、背景の楕円はバナーサイズに合わせて大きなサイズに調整する

banner 320×100 px
粒状が荒くなりすぎる場合は密度を下げ、上下左右の余白が均等になるように意識しよう

CHAPTER

2

写真のアイデア

01 切り抜きとマスクでモデルを目立たせる

所要時間

15分

使用アプリケーション

制作・文 コネクリ

切り抜きとマスクで被写体を目立たせます。人物を［被写体を選択］と［選択とマスク］で切り抜き、シェイプで作成したフレームを作成します。マスクによりフレームとモデルの前後関係をアレンジして、フレームからモデルが飛び出しているようなトリックアート風に仕上げましょう。

POINT1

［被写体を選択］と［選択とマスク］で人物を切り抜く

POINT2

シェイプとレイヤースタイルでフレームを作成する

POINT3

マスクを利用して人物とフレームを交差させる

人物を切り抜く

01

01 の写真を切り抜いて、加工していきます。切り抜き後の背景に使用する夏のイメージを「base」、人物を「photo」、文字情報を「txt」としてそれぞれレイヤーとして配置します。「txt」のレイヤーグループは非表示にしています 02 。

01

02

02

人物を切り抜きます。「photo」レイヤーを選択し、コンテキストタスクバーから［被写体を選択］を選択します 03 。

03

MEMO

コンテキストタスクバーはPhotoshop 24.5に搭載された機能です。以前のバージョンをご利用の場合は［選択範囲メニュー→被写体を選択］、またはプロパティパネルから選択します。

03

選択範囲の調整を行います。コンテキストタスクバーから［選択範囲を修正→選択とマスク］を選択し 04 、「選択とマスク」ワークスペースで選択範囲の調整を行います（手に持っている紙袋の部分など）。調整できたら［出力先：レイヤーマスク］に設定します 05 。

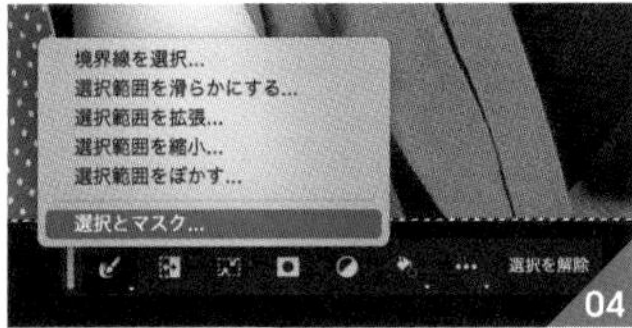

04

05

MEMO

以前のバージョンをお使いの場合は［選択範囲メニュー→選択とマスク］を選択します。

04 調整が終わったら、[OK]をクリックします。調整後のイメージが 06 07 です。

06

07

シェイプでフレームを作成する

05 シェイプでフレームを作成します。[長方形ツール]でカンバスをクリックし、[幅：1200px]、[高さ：920px]の長方形を作成します 08 。プロパティパネルで 09 のように設定します(塗り：#000000(何色でも可)、線：なし)。

作成したフレームは「frame_01」というレイヤー名で「photo」レイヤーの下に配置します 10 。調整後のイメージが 11 です。

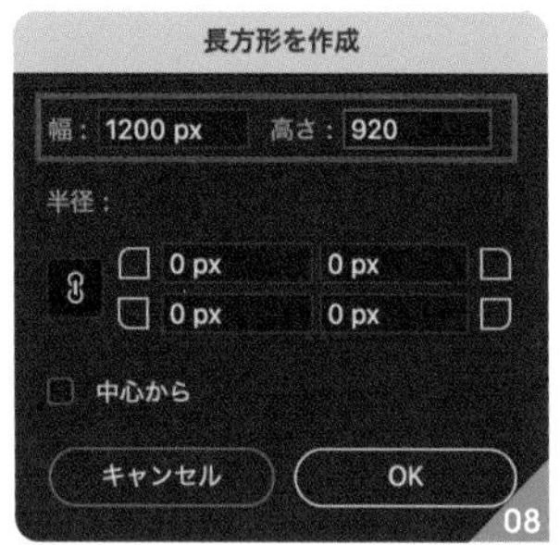

08

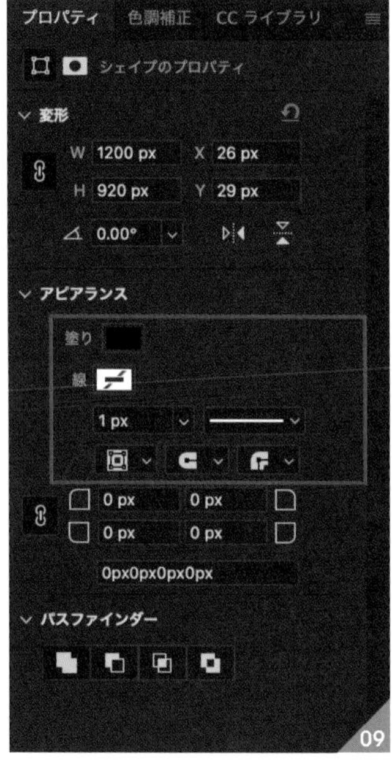

09

10

11

06

縦横中央に配置します。レイヤーパネルで「frame_01」レイヤーを選択し、⌘+Aキーですべてを選択します。[移動ツール]を選択し、コントロールパネルで[水平方向中央揃え][垂直方向中央揃え]をクリックして中央に揃えます 12 。終わったら⌘+Dキーで選択を解除しましょう。調整後のイメージが 13 です。

12

13

07

「frame_01」レイヤーをレイヤースタイルで二重線にします。レイヤーパネルで[塗り：0%]とします。続けて下部の[レイヤースタイルを追加]から[境界線]を選択し、14 のように設定します。
さらに、「レイヤースタイル」ダイアログの左の[境界線]横の[+]を選択して複製し、下の境界線を 15 のように設定します。再度[境界線]を複製し、一番下の境界線を 16 のように設定します。調整後のイメージが 17 です。
上から順に20px、30px、40pxとなり、オーバープリントのチェックをオフにして、2つめの境界線の不透明度を0%にするのがポイントです。

17

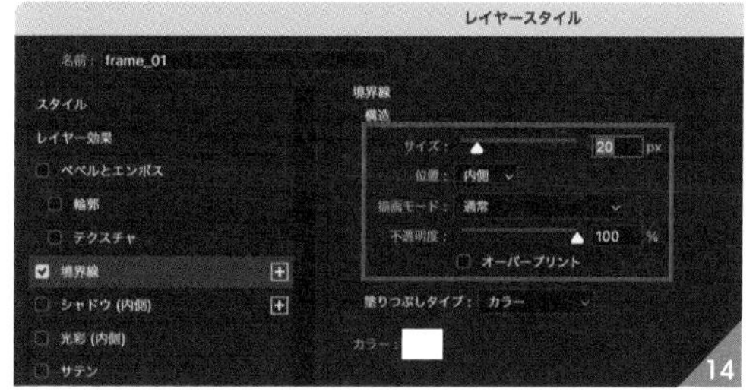

14

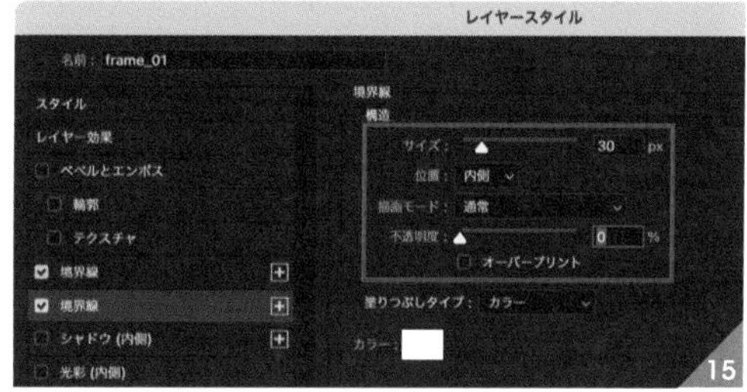

15

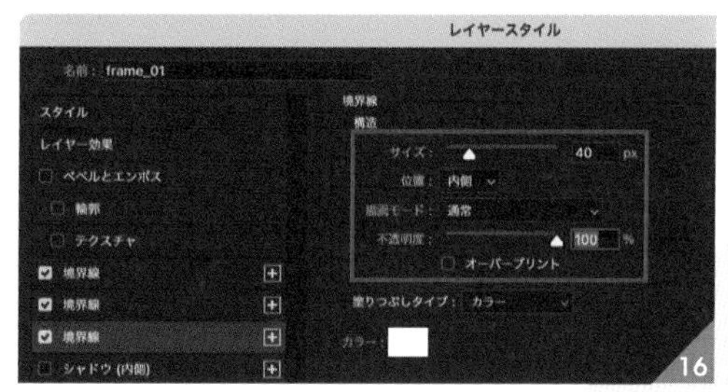

16

カラーはすべて#FFFFFF（白）

マスクで人物とフレームを交差させる

08

グループマスクを使って人物とフレームを交差させてトリックアート風に加工します。レイヤーパネルで「frame_01」レイヤーを⌘＋Jキーで複製し、「photo」レイヤーの上に移動します。このフレームのみを⌘＋Gキーでグループ化して「frame_02」というグループ名にします。
「frame_02」グループを選択し、レイヤーパネル下部の［レイヤーマスクを追加］を選択、追加されたレイヤーマスクサムネイルを選択して、⌘＋Iキーで反転します 18 。

18

09

「frame_02」グループのレイヤーマスクサムネイルを選択し、［描画色：白］に設定します。［ブラシツール］を選択し、カンバスを右クリックして「ハード円ブラシ」を選びましょう 19 。フレーム下部と洋服が交差する箇所をブラシで描くことで「frame_02」グループの一部分を表示します 20 。

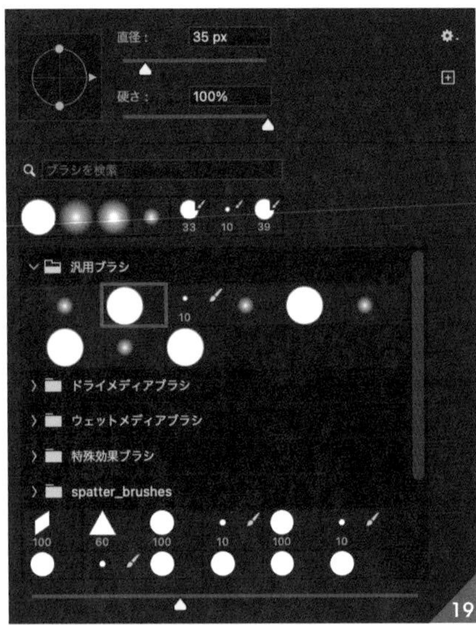

19

20

10 「frame_02」グループは右腕にかからないようにすることで、体と腕の間にフレームを通しているように見せます 21 。フレームを調整したら、レイヤーパネルでテキスト要素の「txt」グループを表示に戻して完成です 22 。

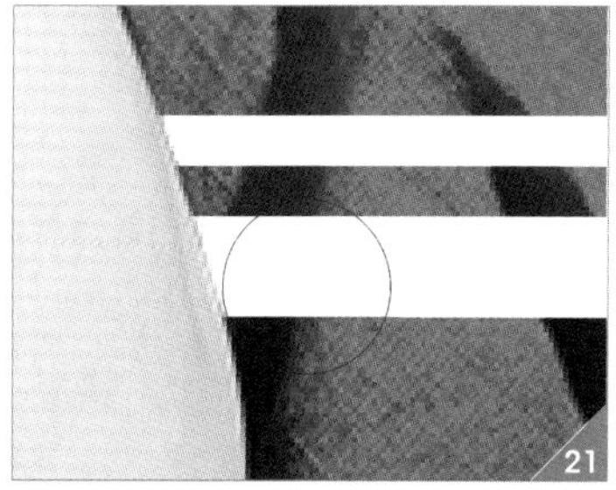

21

22

02 背景のイラスト化でインパクトのあるポップ調に

所要時間

10分

使用アプリケーション

制作・文　遊佐一弥

フラットで物足りず、インパクトが欲しいときは、思い切って写真をイラスト調に変換するのもひとつの手です。すべてをイラスト化するとメインの被写体がわかりにくくなりがちなので、背景のみイラスト化することでコントラストが加わります。インパクトのあるデザインを目指しましょう。

POINT1

Illustratorで「画像トレース」を使ったパス化とカラー調整

POINT2

Photoshop上でレイヤーマスクを使って写真と組み合わせる

POINT3

リアリティを考慮してガラスの部分をぼかし処理する

元画像をIllustratorで画像トレースする

01 元画像をIllustratorで開きます。画像を選択し、コントロールバーに表示される［画像トレース］をクリックして、［プリセット：6色変換］を選びます 01 。画像を単純化されたうえでパス化されます。
プリセットをもう少しシンプルにしたければ［3色変換］、複雑にしたければ［16色変換］など、好みに応じてプレビューを見ながら設定できます。［拡張］ボタンを押してパス化を完了します。

01

02 カラーを調整します。［ダイレクト選択ツール］に切り替えて1つの色のパスを選択します。［選択メニュー→共通→カラー（塗り）］を選ぶと同色のパスがすべて選択され、まとめて塗りの色を変更することができます。
他のカラー部分も好みの状態に調整し、同様に共通のカラーで選択して塗りの色を変更していきます 02 。元写真の色を参考にしてもよいですし、写真とはまったく違う創作の色の組み合わせにしてもよりインパクトのある背景が作れます。

02

Photoshopで背景として読み込む

03 カラー設定が終わったら［選択ツール］でパス全体を選択し、コピーします。Photoshopでバナーファイルを開き、［スマートオブジェクト］としてペーストします。レイヤーを写真の背面に移動し、写真と位置を合わせます。これを背景素材として使用します 03 。スマートオブジェクトとしてペーストしておくと、後から色を変更したいときにIllustratorに戻って再度作業ができるので便利です。

03

02 メインとなる被写体のマスク作成と合成

04 メイン被写体の画像レイヤーを選択し、ツールパネルで［オブジェクト選択ツール］に切り替えます。オプションバーにある［被写体を選択］ボタンでメインの被写体を選択します 04 。うまくいかない場合は［クイック選択ツール］なども組み合わせながら選択範囲を作りましょう 05 。

モード：長方形ツ… 全レイヤーを対象 ハードエッジ 被写体を選択 選択とマスク…

04

05

05 車を選択した状態で［レイヤーマスクを追加］ボタンをクリックし、車のみを切り抜いたレイヤーを作成します 06 。
細かいパーツなどは［ブラシツール］などを使ってレイヤーマスクを調整し、切り抜きの精度を高めます。影になっている部分などはブラシのぼかし数値を大きくして 07 、リアルとイラストの境目を曖昧にしています 08 。

06

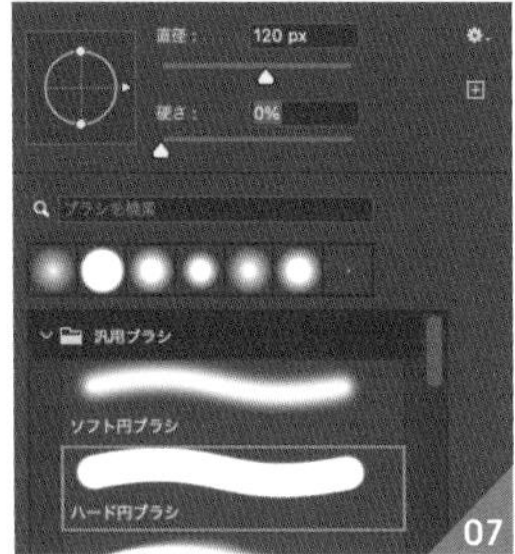

07

08

06 窓部分はブラシの不透明度を下げて、白で描画します。窓の向こうにうっすらとイラストが透けて見え、かつ窓ガラスに反射したかのようなイメージを作り出せます 09 。

09

車部分のレタッチ

07 車の写真が全体に馴染むように、色調補正を行ないます。新規調整レイヤーで［トーンカーブ］を追加しましょう。調整レイヤーは［クリッピングマスク］ボタンを押すことですぐ下のレイヤーのみに適用されます。ここではイラストの世界観に合わせてハイライトを下げ、シャドウを上げて中間でS字を描くようなトーンカーブに調整しましました 10 。これで完成です 11 。

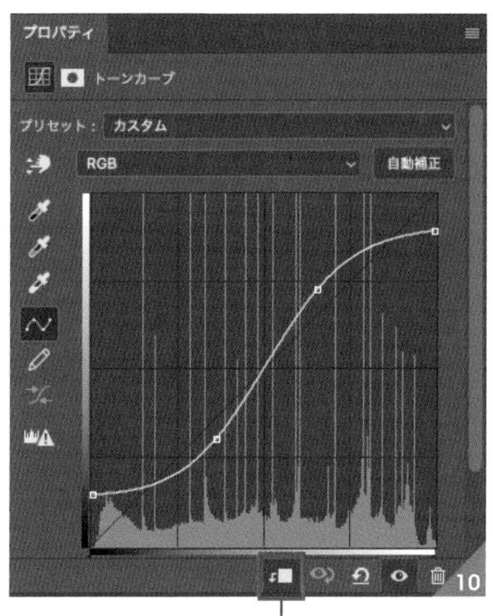

クリックすると直下のレイヤーのみに適用される

03 漫画風の写真加工と背景処理

コミカルなイメージをもっと印象づけたい

所要時間

15分

使用アプリケーション

制作・文　高野 徹

Photoshopを利用して人物写真を漫画風に加工します。フィルターとレイヤースタイルでモノクロ写真の輪郭を強調し、ペンとスクリーントーンで描いたように加工します。背景に集中線を入れて雰囲気を出しましょう。

POINT1

エッジのポスタリゼーションで輪郭を強調する

POINT2

レベル補正で3階調の画像にする

POINT3

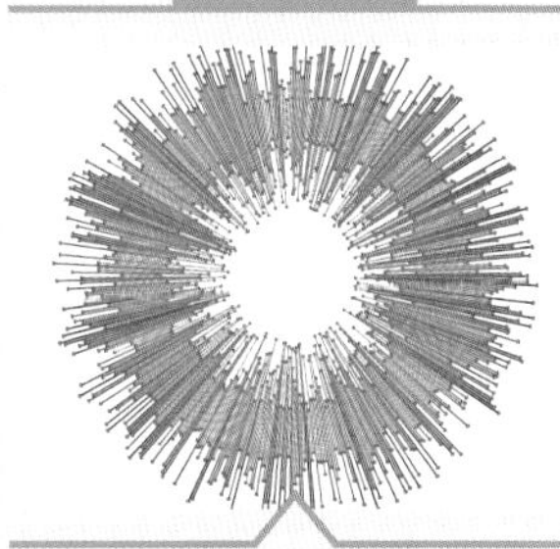

波線の円を集中線に加工する

画像を切り抜く

01 Photoshopで人物の写真を漫画風に加工します。まず人物写真(02-03_before1.jpg)を背景から切り抜きます。
画像を開き、コンテキストタスクバーから[被写体を選択]をクリックしたあと 01 、コンテキストタスクバーから[選択範囲を修正→選択とマスク]を選択します 02 。

MEMO

コンテキストタスクバーはPhotoshop 24.5に搭載された機能です。以前のバージョンをご利用の場合は[選択範囲メニュー→被写体を選択]、[選択範囲メニュー→選択とマスク]を選択します。

02 「選択とマスク」ワークスペースで選択範囲の調整を行ないます。調整できたら、[不要なカラーの除去]にチェックを入れて、[出力先:新規レイヤー(レイヤーマスクあり)]に設定し 03 、[OK]をクリックします 04 。

人物がきれいに切り抜かれた

03 漫画風に加工していく

03 レイヤーパネルで画像レイヤーを選択し 05 、[イメージメニュー→色調補正→彩度を下げる]を適用して画像をモノクロにします 06 。

05

06

04 [フィルターメニュー→ぼかし→ぼかし(表面)]を選択し、表示されたダイアログで[半径：80pixel]、[しきい値：20レベル]で適用し 07 、輪郭以外をスムーズにします 08 。

MEMO

他の画像を漫画加工する場合は、輪郭以外がスムーズになるようにプレビューを見ながら数値を設定してください。

07

08

05 [フィルターメニュー→フィルターギャラリー]を選択します。ダイアログで[アーティスティック→エッジのポスタリゼーション]を選択し、[エッジの太さ：3]、[エッジの強さ：1]、[ポスタリゼーション：1]で適用します 09 10 。

09

10

06 ［イメージメニュー→色調補正→レベル補正］を選択し、表示されたダイアログでスライダを 11 のように移動し、画像が白、黒、薄いグレーの3階調になるように調整します 12 。

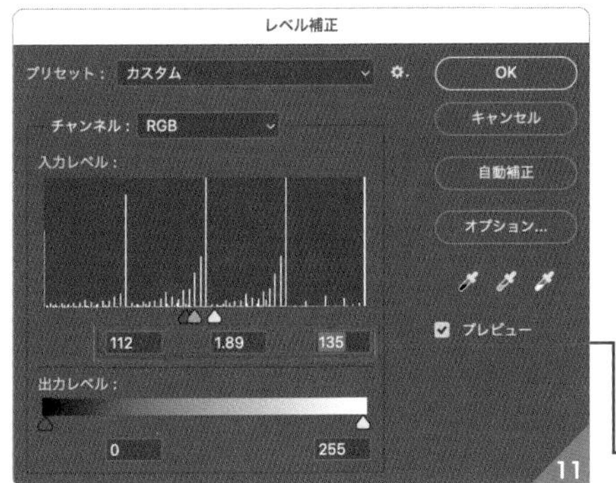

ここでは［112／1.89／135］で適用

07 レイヤーパネルで［レイヤースタイルを追加］をクリックし、［境界線］を選択して、ダイアログで［サイズ：5px］、［位置：内側］に設定して［OK］をクリックします 13 。これで輪郭線がつき、人物写真を漫画風に加工できました 14 。

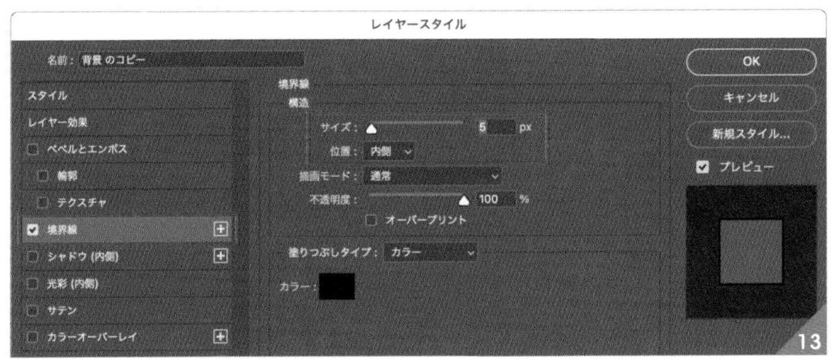

集中線を作成する

08 Illustratorで人物の背景になる集中線を作成します。まず新規書類を作成し、［楕円形ツール］でアートボードをクリックし、［幅：1000px］、［高さ：1000px］で［OK］をクリックして 15 、正円を描きます 16 。

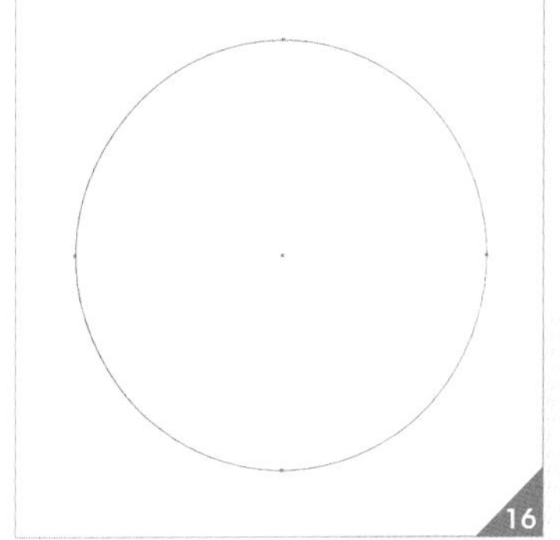

CHAPTER 1
CHAPTER 2
CHAPTER 3
CHAPTER 4
CHAPTER 5

09

線パネルで［線幅：600pt］に設定し、さらに［破線］を選択して［線分：3pt］に設定、［整列］アイコンをクリックします 17 18 。［オブジェクトメニュー→パス→パスのアウトライン］を選択し、集中線を塗りオブジェクトにします 19 。

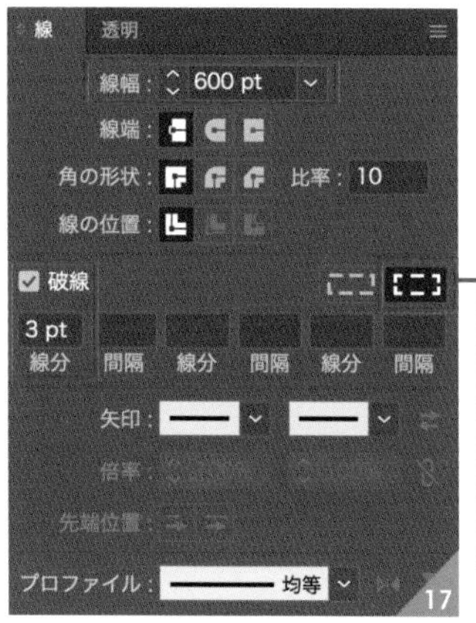

コーナーやパス先端に破線の先端を整列

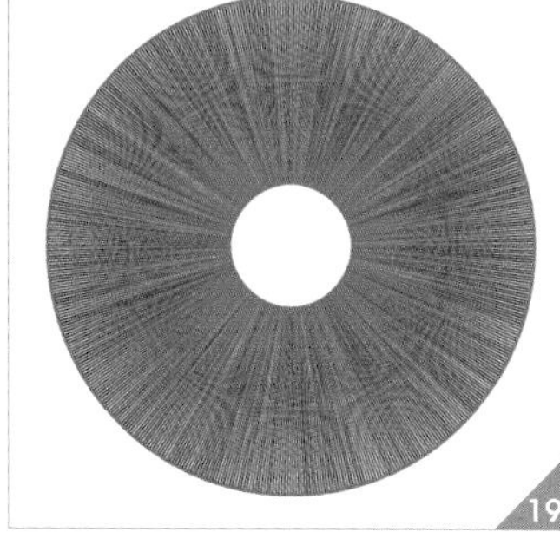

10

［オブジェクトメニュー→グループ解除］と［オブジェクトメニュー→複合パス→解除］を実行して、1つ1つのオブジェクトが選択できるようにします。次に［オブジェクトメニュー→変形→個別に変形］を選択し、「拡大・縮小」で［水平方向：20%］、［垂直方向：20%］、「オプション」で［オブジェクトの変形］、［ランダム］にチェックを入れて［OK］をクリックします 20 21 。ラインがランダムになり、漫画の集中線らしくなりました 22 。

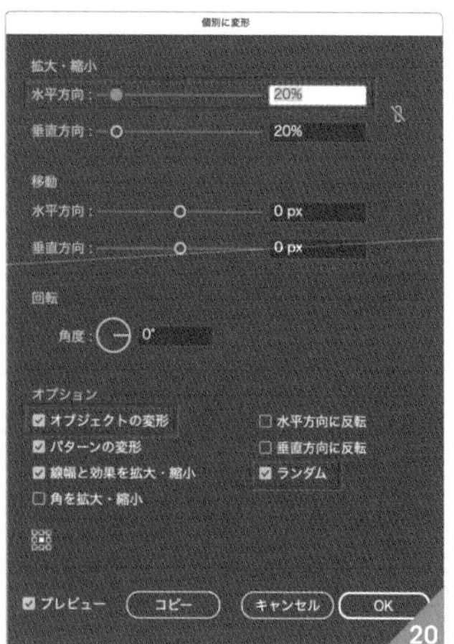

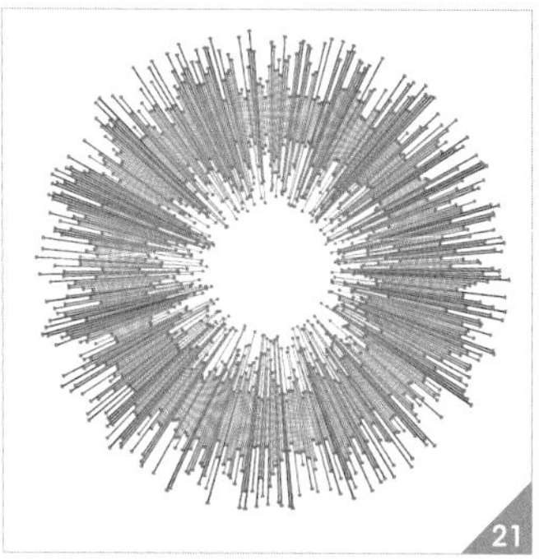

すべての線を選択して［個別に変形］を適用

選択を解除

11 バナーの元データ（02-03_before.ai）を開き、［グループ選択ツール］で、画像を選択します。［ファイルメニュー→配置］を選択し、Photoshopで漫画加工した人物画像を［置換］で配置します 23 。
作成した集中線をコピーし、デザインのデータの画像を選択した状態で［編集メニュー→背面へペースト］することで集中線を人物の背面へペーストします。集中線の位置を調整してレイアウトすれば完成です 24 。

04 差の絶対値を活用して手軽にバナーを彩る

所要時間

10分

使用アプリケーション

制作・文　佐々木拓人

素材の画像1枚だとどうしても味気なくおもしろみに欠ける場合は、透明パネルの「差の絶対値」を使うと予期しない色の組み合わせや見え方になり、即興性や偶発性が生きるデザインになります。生の写真の色から大きく変わるので、尖ったイメージを演出したいときに向いている手法です。

POINT1

色面を［差の絶対値］で敷いて華やかさを出す

POINT2

文字にも［差の絶対値］を適用して華やかに

POINT3

面が重なる部分では［差の絶対値］と［ハードライト］を使い分ける

色面を作って[差の絶対値]を適用

01 いったん文字と日付のレイヤーを非表示にし、[長方形ツール]で[塗り:R0/G106/B182]の長方形を描画して 01 、透明パネルで[描画モード:ハードライト]に設定します 02 03 。

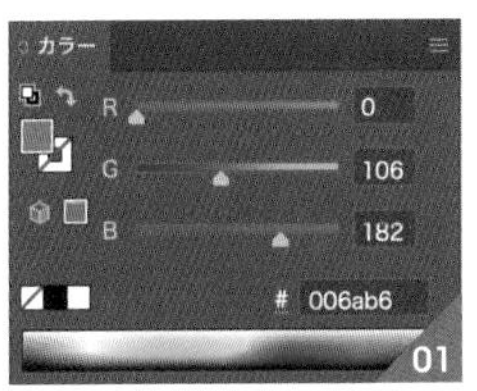

01

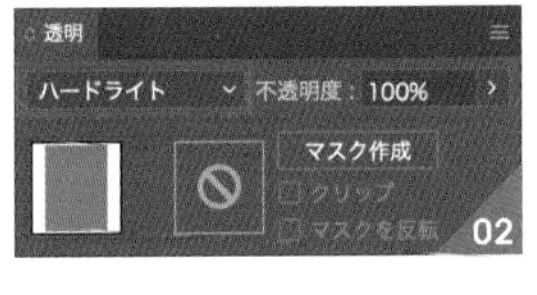

02

03

02 続けて[長方形ツール]で[塗り:R186/G255/B0]の長方形を描画して 04 、透明パネルで[描画モード:差の絶対値]に設定します 05 06 。

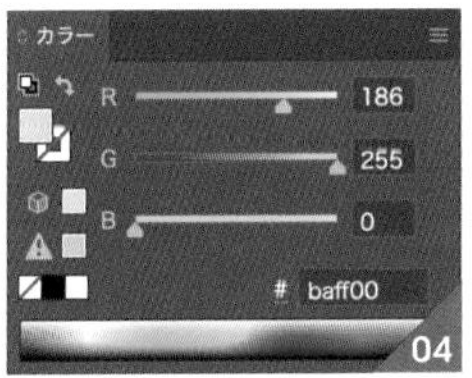

04

05

06

03 さらに[長方形ツール]で[塗り:R222/G25/B0]の長方形を描画して 07 、透明パネルで[描画モード:差の絶対値]に設定します 08 09 。色面を足すだけで、かなりハードなイメージになりました。

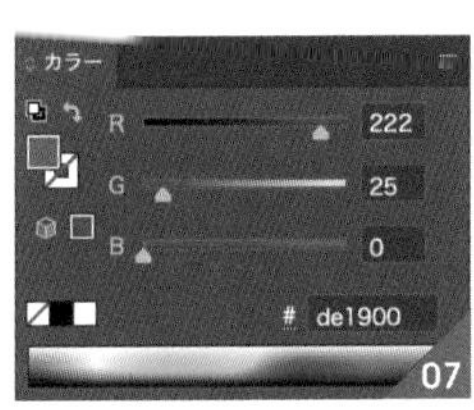

07

08

09

04 文字と日付にも［差の絶対値］を適用

04 文字がテキストになっている場合は、アウトライン化してグループを解除しておきます。「N」の文字を選択し、［塗り：R59／G227／B134］に設定して 10 、透明パネルで［描画モード：差の絶対値］を適用します 11 12 。

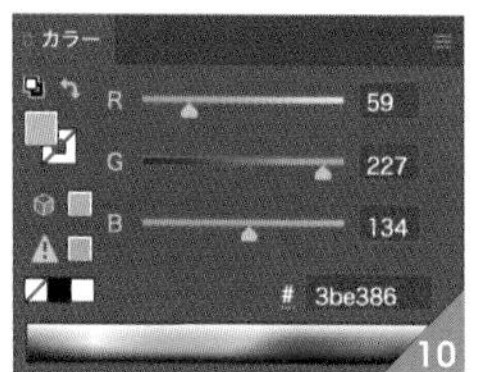

10

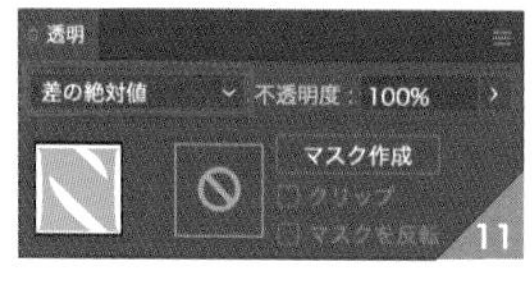

11

12

05 「M」の文字を選択し、［塗り：R255／G0／B255］に設定して 13 、透明パネルで［描画モード：差の絶対値］を適用します 14 15 。

13

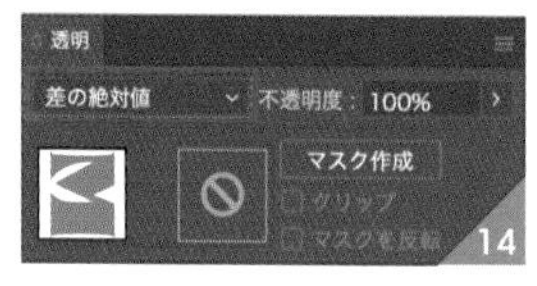

14

15

06 日付のレイヤーを表示し、円を［塗り：R198／G195／B198］に設定して 16 、透明パネルで［描画モード：ハードライト］を適用します 17 18 。

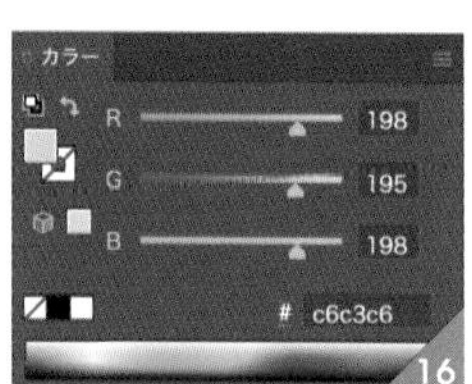

16

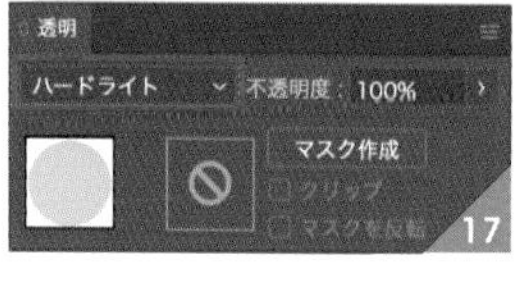

17

18

07 この円を⌘+Cキー、⌘+Fキーで前面へ複製し、[塗り：R255／G255／B255]に設定し 19 、透明パネル[描画モード：差の絶対値]を適用します 20 。少し右方向へ移動させ、「9/1」の文字色を白にして、「新しいナイトマーケットが～」の位置を調整すれば完成です 21 。

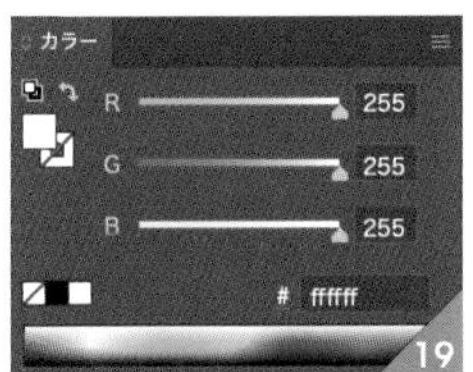

05 トリミングして見せる

所要時間

15分

使用アプリケーション

制作・文　久川裕右

切り抜きとアルファベットを組み合わせることで、立体感のあるデザインに。飛び出しているような視覚効果を狙って、上手に組み合わせます。その他のテキストもアルファベット上に配置するなどして、より効果的に仕上げます。最後にデザインパーツを背景に配置し、スピード感や躍動感を加えます。

POINT1

人物の切り抜きとアルファベットを組み合わせ、ベースを準備する

POINT2

細かな調整を施し、より立体的に見せるよう工夫する

POINT3

スピード感や躍動感を感じさせるデザインパーツを配置する

人物を切り抜いて、アルファベットを組み合わせる

01

まずメインで使用する人物画像を切り抜きます。[選択範囲メニュー→被写体を選択]で人物の選択範囲が作成されます 01 。やや選択が甘いので、[選択範囲メニュー→選択とマスク]を選択して調整します 02 。

「選択とマスク」ワークスペースで選択範囲を調整後、選択範囲が点滅している状態でレイヤーパネル下部の[レイヤーマスクを追加]ボタンをクリックして人物画像の切り抜きの完了です 03 。

両腕の間や指の間が切り抜かれていない

[被写体を選択]で作成された選択範囲

[選択とマスク]で調整後レイヤーマスクで切り抜く

02

続けて背景のベースデザインを準備します。[塗り:#f10132]の背景色でベースを準備します(ここまでの操作は元バナーデータでは済んでいます)。フォント「DIN2014 BOLD」で文字色は白で「B」の文字を[サイズ:1270px]で大きく配置します。

レイヤーパネルで「B」のテキストレイヤーをダブルクリックし、「レイヤースタイル」ダイアログの[光彩(外側)]の乗算効果を用いて文字に少し立体感を加えておきます(透明度やサイズなどの数値は仕上がりを見つつ調整し、よりイメージに近い仕上がりを目指します) 04 。

03

手順01で準備した切り抜いた人物画像を「B」の文字の上に重なるように配置します 05 。[長方形ツール]で白い長方形を配置し、「B」の文字の左側の縦線が人物の上に重なるように加工することで、文字から飛び出す人物のトリミングイメージのベースが完成します 06 。

影や動きの効果でより立体的に見せる

04 さらに加工を加えてより立体的に見えるようデザインの精度を高めていきます。
⌘キーを押しながら人物レイヤーのマスクのサムネイルをクリックし、人物の選択範囲を作成します。さらに［長方形選択ツール］に切り替え、先ほど描いた長方形より左をoptionキーを押しながらドラッグして除外し、人物の選択範囲を長方形の右側のみにします。レイヤーパネルで［新規レイヤーを作成］ボタンをクリックし、［編集メニュー→塗りつぶし］を選択して、［内容：ブラック］、［描画モード：乗算］、［不透明度：80%］で塗りつぶします。レイヤーパネル下部の［レイヤーマスクを追加］ボタンでレイヤーマスクを作成し、［グラデーションツール］でマスクを描画して見え方を調整し、人物と文字の接点に影の効果を加えます 07 。

07

05 続けて［長方形ツール］で背景色と同じ色（#f10132）で「B」の文字の上下2箇所に切れ目のような加工を加えます 08 。さらに、「B」のテキストレイヤーのサムネイルを⌘キーを押しながらクリックし、「B」の文字の選択範囲を作成し、［新規レイヤーを作成］ボタンで影部分のレイヤーを作成します。［編集メニュー→塗りつぶし］で［内容：50%グレー］、［描画モード：通常］、［不透明度：100%］で塗りつぶします 09 10 。

08

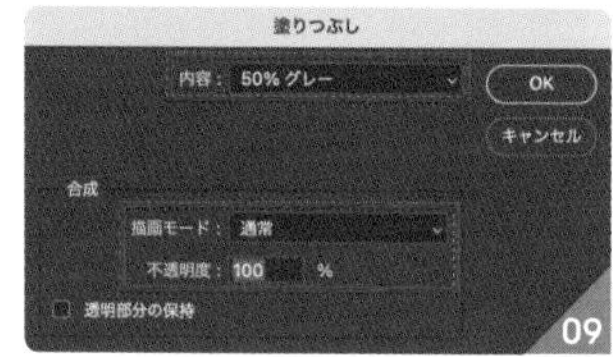

09

10

06 ［レイヤーマスクを追加］ボタンでレイヤーマスクを追加し、［グラデーションツール］で影の見え方を調整します。11 のように「B」の文字の上下に影が入るようにレイヤーマスクを加工します 12 。

11

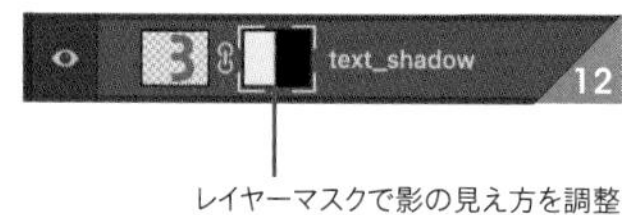

12

レイヤーマスクで影の見え方を調整

07 ［フィルターメニュー→ピクセレート→カラーハーフトーン］を選択し、［最大半径：8px］の効果でハーフトーンにします 13 14 。

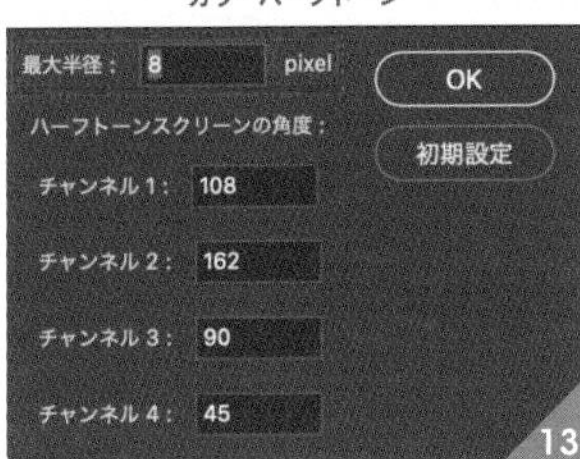

13

14

08 レイヤーサムネイルをダブルクリックして「レイヤースタイル」ダイアログで［カラーオーバーレイ］を選択します 15 。カラー「#cd0d28」 16 で塗りつぶすことで、文字に加えた影の加工にさらにデザイン性を加えることに成功します。

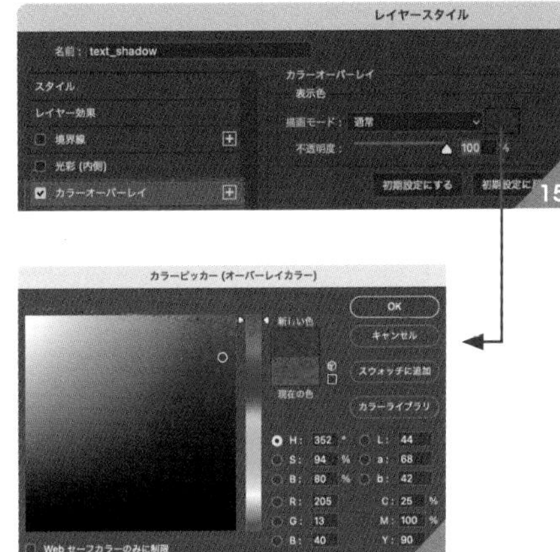

15 16

手順05で描画した切れ目の長方形のカラーも「#cd0d28」に変更しましょう 17 。

17

スピード感や躍動感を感じさせるデザインパーツを配置する

09 テキストデザイン及び背景にスピード感や躍動感を感じさせるデザインパーツを加えることでデザインを仕上げます。

英語のメインコピーを「B」の文字に重なるように配置します。続けて英語のサブコピーを配置し、レイヤーパネルで［塗り：0%］にします。レイヤーをダブルクリックし、「レイヤースタイル」ダイアログの［境界線］で、［サイズ：1px］、［位置：外側］、［描画モード：通常］、［不透明度：100%］、［カラー：白］の設定で抜け感を意識した設定にします。

さらに［ラインツール］でアンダーラインの効果も追加し、デザイン性をプラスします。右下にボタンのデザインを配置し、英語のテキストデータの配置が完了です 18 。

18

10 Illustratorで背景に加えるデザインパーツとしてベクターデータを数点準備します 19 。Illustratorでコピーし、Photoshopにペーストする際、[ペースト形式：シェイプレイヤー] にして 20 、後々調整しやすいデータにしておくことも重要です。
[塗り：#d20c2f]で数点背景に配置。さらに[塗り：#ff3c5f] で数点背景に追加で配置し、デザイン性を高めます。最後に [ラインツール] で白い斜線の効果を数点加えることで、スピード感や躍動感を感じさせる背景デザインの完成です 21 。
最後に日本語のメインコピーを右上に配置しましょう 22 。

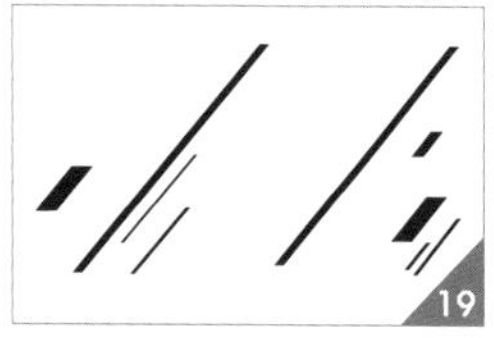
19
Illustratorで作成したパーツ

ペースト
ペースト形式：
レイヤー
スマートオブジェクト
ピクセル
パス
シェイプレイヤー
OK
キャンセル
20

21

22

SIZE VARIATION
サイズバリエーション

banner 320×600 px
メインのイメージとコピーを縦軸でレイアウトすることで縦長のサイズにうまく配置する

banner 320×100 px
メインのイメージが小さくなり過ぎないよう、見切れる部分とのバランスに注意しよう

06 被写体以外の背景をぼかして目立たせる

所要時間

使用アプリケーション

制作・文 久川裕右

切り抜きと背景をぼかすことでメインの被写体を目立たせましょう。人物を切り抜き、元の背景をぼかしてより奥行きを感じさせます。加えて、被写体と並列にデザインをあしらうことで、遠近感を強調する効果を生み出し、ドラマチックな仕上がりを目指します。

POINT1

人物の切り抜きとぼかした背景を組み合わせる

POINT2

被写体と並列にデザインをあしらい奥行きを出す

POINT3

コピーやデザインパーツの配置にも工夫し完成度を高める

06 人物を切り抜いて、背景をぼかす

01 まずメインで使用する人物画像を切り抜きます。背景で使用している画像レイヤーを複製し、[選択範囲メニュー→被写体を選択]で人物の選択範囲を作成します 01 。少し調整したいので、[選択範囲メニュー→選択とマスク]を選択し、「選択とマスク」ワークスペースで[境界線調整ブラシツール]を用いて、選択範囲を調整します 02 。ここでは、人物の股下や荷物周り、髪の毛先がやや気になるので調整しました。調整後、選択範囲が点滅している状態でレイヤーパネル下部の[レイヤーマスクを追加]ボタンをクリックして人物画像の切り抜きの完了です 03 。

[境界線調整ブラシツール]で調整

[被写体を選択]で作成された選択範囲

[選択とマスク]で調整後レイヤーマスクで切り抜く

02 続けてベースの背景をぼかしていきます。レイヤーパネルで一番下に配置している背景を選択し、[フィルターメニュー→ぼかし→ぼかし(ガウス)]で[半径:7.8px]の設定で背景全体をぼかします 04 05 。

もう少し奥行き感を演出したいので、切り抜きの人物画像を[明るさ・コントラスト]や[レベル補正]を使って少し明るくします。さらに、背景のぼかした画像を[レベル補正]で少し暗く調整することで、人物によりピントが合っている印象になり、ベースとなる画像データの準備が完了します 06 。

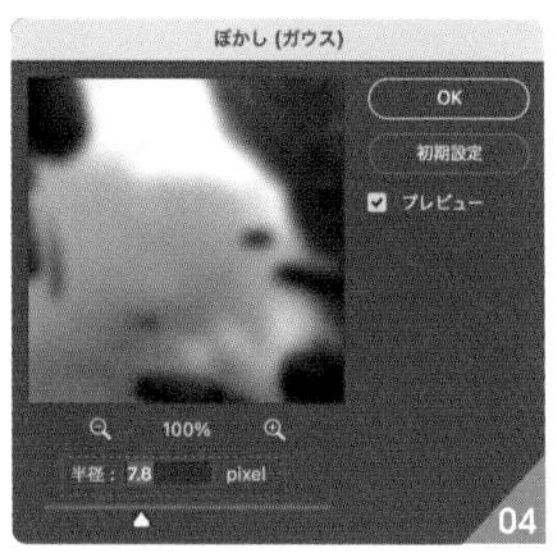

デザインのあしらいを加える

03 さらにデザインのあしらいを加えて奥行き感を演出していきます。
［塗り：#c6893a］で作成した三角形を左上隅に配置し、続けて［塗り：#c6baa5］で作成した三角形を右下隅に配置します 07 。

塗り：#c6893a

塗り：#c6baa5

MEMO

［三角形ツール］で三角形を作成することもできますが、［長方形ツール］で作成した長方形の不要な1点を［アンカーポイントの削除ツール］で削除するほうが、直角三角形は簡単に作成できます。

04 三角形にアウトドアの岩肌感をあしらいたいので、岩壁の写真素材を準備します 08 。左上の三角形のレイヤーの上に配置した後、右クリックで［クリッピングマスクを作成］を選択すると三角形に切り抜かれます 09 。レイヤーパネルで［描画モード：リニアライト］、［不透明度：25%］に調整し 10 、背景の三角形の色味に馴染ませます 11 。

岩壁の写真素材

05 同様に、岩壁の写真素材を右下の三角形のレイヤーの上に配置します。レイヤーパネルの［描画モード：乗算］、［不透明度：50%］に調整し 12 、背景の色味を考慮して馴染ませます 13 。

06

最後に［長方形ツール］で［塗り：なし］、［線幅：2px］の長方形を作成し 14 、フレームとしてさりげなく配置することで奥行きのあるデザイン感に仕上がっていきます。

14

文字やデザインパーツを配置する

07

最後にコピーやデザインパーツの配置にも工夫し完成度を高めましょう。
英語のメインコピーを人物の左側に配置し、頭文字の「M」を黄色（#fee600）に変更します。
Illustratorで 15 のような山をイメージしたベクターデータを作成し、コピーします。Photoshopに戻り、文字の空きスペースに［シェイプレイヤー］としてペーストして配置します 16 17 。
さらに奥行きをもう少し演出したいので、山のベクターデータのみ人物の後方にくるようにレイヤー順を調整します 18 。

15
Illustratorで作成したパーツ

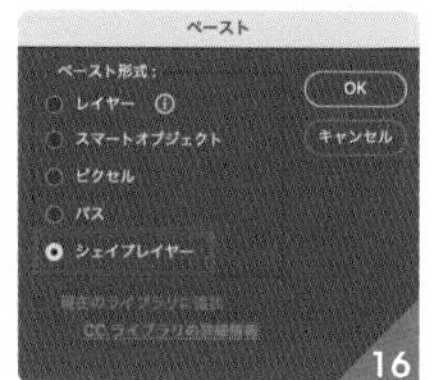

16

17

18

08

続けて、人物の右側に日本語のコピーを縦書きで配置します 19 。可読性を高めると同時に、デザイン性を高めたいのでザブトンの要素の長方形を［長方形ツール］で作成し、日本語のコピーの後ろに配置します。文字色を黒にし、元々かかっていた光彩効果は削除しましょう 20 。

19

20

09 長方形の「レイヤースタイル」ダイアログで[光彩(外側)]を選択し、21のように設定して(カラーは「#453534」)、ザブトンの要素に立体感を少し加えます。
サブコピーを英語のメインコピーの下部に、うるさくならないサイズ感で配置し、ベクターデータとテキストを組み合わせたロゴデータを左下部の隅に配置します。最後にクリックを促すパーツを右下部の隅に配置することで完成です22。

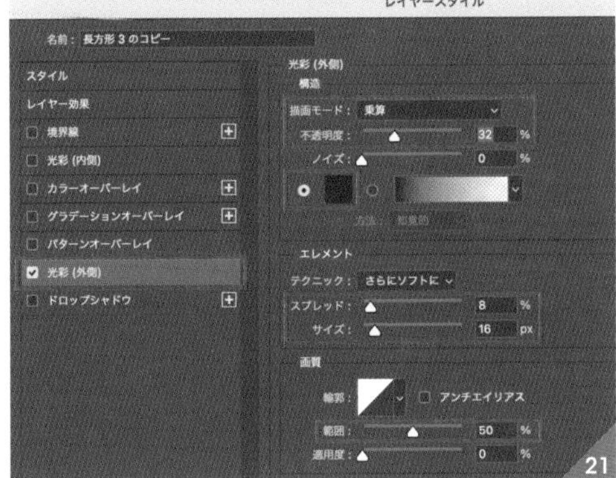

21

22

07 ドロップシャドウと色面で写真にのせた文字を読みやすく

After

明るい色に重なった文字が読みづらい

Before

所要時間

10分

使用アプリケーション

制作・文　コネクリ

写真を背景に使ってバナーを仕上げます。写真を背景に使う際に注意しなければならないのは、写真の上にのせるロゴや文字の視認性です。今回はドロップシャドウと背面の色面（座布団といいます）の2通りの方法で視認性を確保します。

POINT1

マスクを使ってフレームを作成する

POINT2

ロゴに影を追加する

POINT3

文字に座布団を追加する

フレームを作成する

01 写真に文字をのせていきます 01 。背景になるベタ塗りの茶色のレイヤー名を「bg」、人物写真を「photo」、文字情報を「txt」としてそれぞれ配置、ひとまず「txt」グループは非表示にしておきます 02 。

02 写真に締まりを作るため、マスクを使ってフレームを作成します。シェイプの形状を調整して印象的なフレームにします。［長方形ツール］でカンバスをクリックし、［幅：1200px］、［高さ：920px］、［半径：100px／0px／100px／0px］の左上と右下が角丸の長方形を作成し 03 、プロパティパネルで［線：なし］に設定します（塗りは何色でもかまいません）04 。作成したシェイプは「temp」というレイヤー名にしておきます 05 06 。

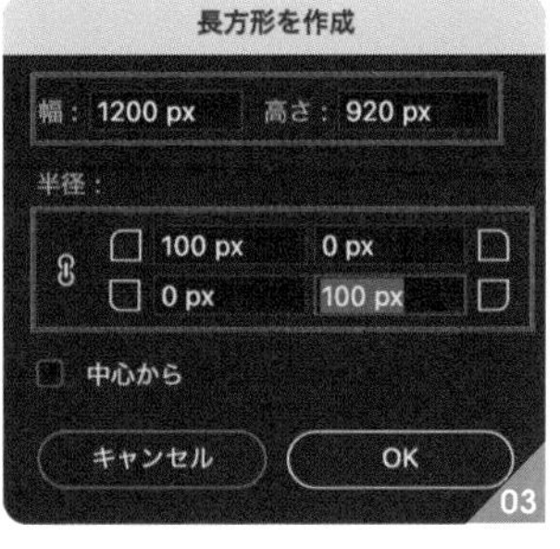

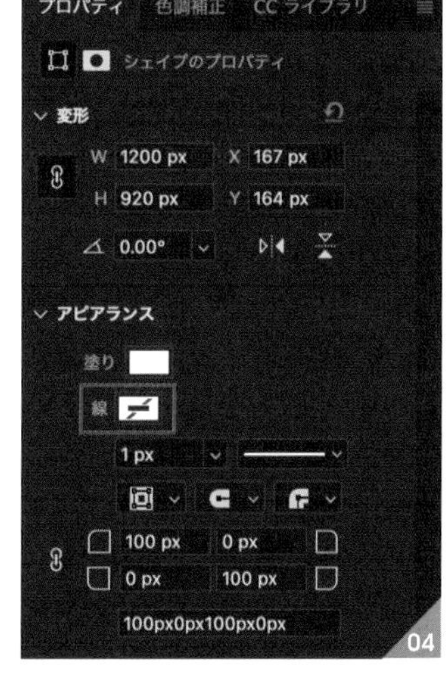

作成したシェイプ

03 縦横中央に配置します。レイヤーパネルで「temp」レイヤーを選択し、⌘+Aキーを押してすべてを選択、[移動ツール]を選択してオプションバーで[水平方向中央揃え]、[垂直方向中央揃え]をクリックします 07 08。シェイプを中央に配置したら⌘+Dキーで選択解除します。

07

08

04 シェイプの形状でクリッピングマスクを作成します。レイヤーパネルで「temp」レイヤーを「photo」レイヤーの下に移動し、2つのレイヤーの間をoptionキーを押しながらクリックして、「temp」レイヤーで「photo」レイヤーをマスクします 09 10。

optionキーを押しながらクリック

09

10

ロゴに影を追加する

05 レイヤーパネルで「txt」グループを表示します。「txt」グループは「ARRIVAL」、「New」、「この春、大注目の…」という3つのテキストレイヤーで構成されています 11 12。

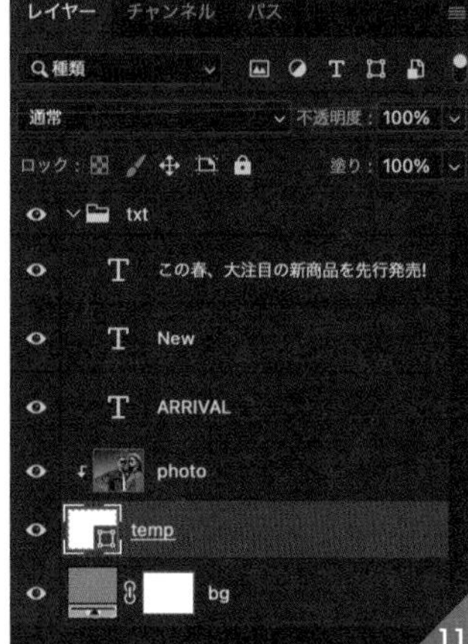

11

12

06 ドロップシャドウで文字に影をつけます。レイヤーパネルで「ARRIVAL」と「New」の2つのレイヤーを選択し、⌘+Gキーでグループ化して、グループ名を「title」とします。「title」グループが選択された状態で、レイヤーパネル下部の［レイヤースタイルを追加］から［ドロップシャドウ］を選択し 13 、14 のように設定します 15 。

CHAPTER 1
CHAPTER 2
CHAPTER 3
CHAPTER 4
CHAPTER 5

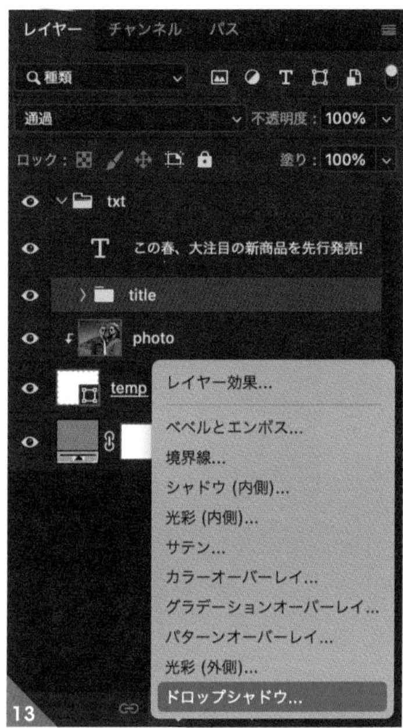

13

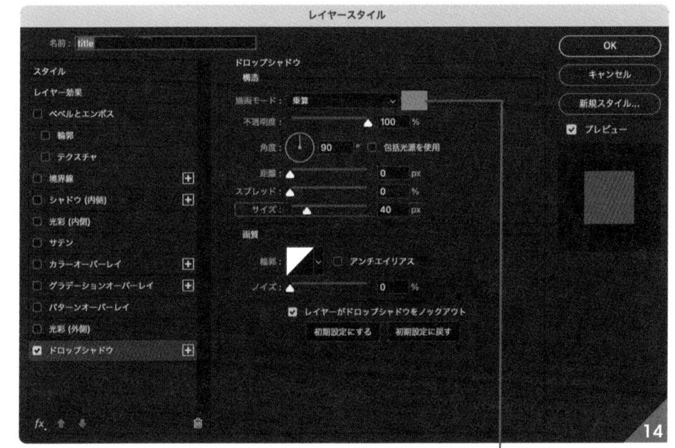

14

カラー:#37999f

15

MEMO

今回のデザインに濃い影はミスマッチなので、［ドロップシャドウ］ではさりげなく視認性を上げることを意図して設定値を調整しています。

文字に座布団を追加する

05 文字の背面に座布団を追加します。座布団の形状を調整して写真の形状と揃えましょう。［長方形ツール］でカンバスをクリックし、［幅：800px］、［高さ：90px］、［半径：50px／0px／50px／0px］の左上と右下が角丸の長方形を作成して 16 、プロパティパネルで 17 のように設定します。
シェイプを「bg_02」というレイヤー名にし、「この春、大注目の...」レイヤーの下に配置して 18 、［移動ツール］で位置を調整すれば完成です 19 。

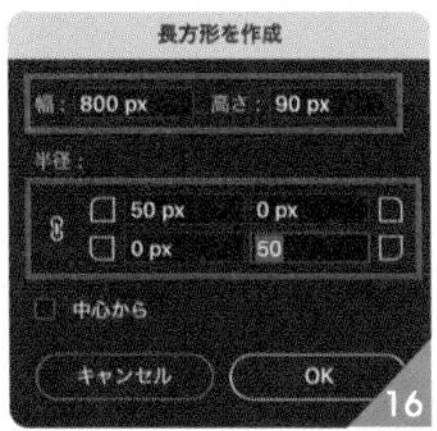

塗り：#031722　線：なし

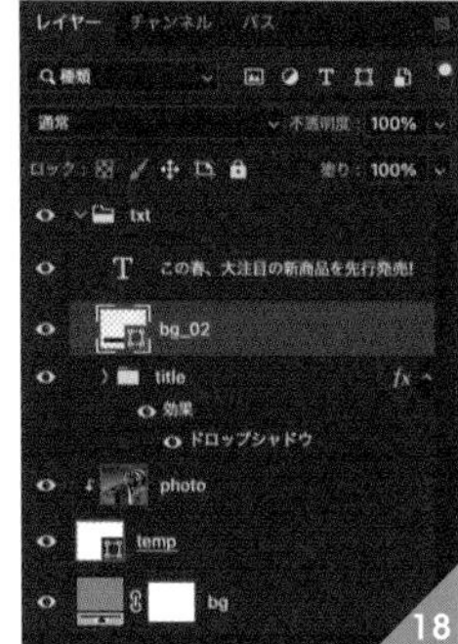

CHAPTER

3

レイアウトのアイデア

01 視線の流れと動きを意識したスマートな2分割レイアウト

スマートで知的な印象をプラスしたい

所要時間

 15分

使用アプリケーション

制作・文 mito

2分割レイアウトで、エリアが分割されていても背景に繋がりのあるデザインを配置することで、左から右へ流れるような視線誘導を作ることができます。モックアップの配置に動きをつけることで、よりスマートで知的な印象に仕上げていきましょう。

POINT1

多方向への伸縮を使って、モックアップ画像の中に画像を埋め込む

POINT2

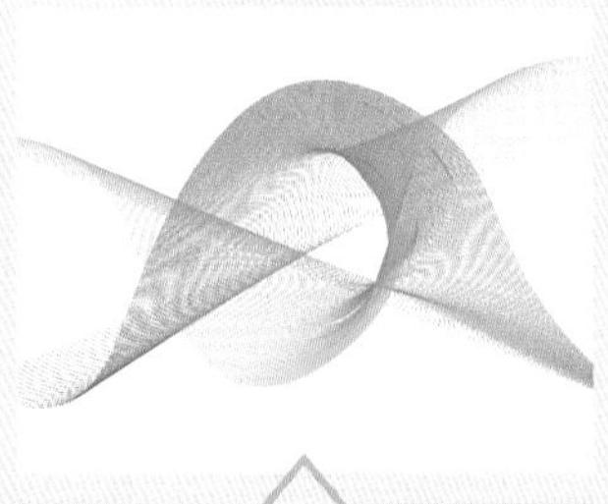

［ブレンドツール］で［曲線ツール］で描いた2色の線をブレンド

POINT3

あなたに合わせてカスタマイズされた
Lessonに取り組み、振り返る。
反復学習と段階的なスキルアップの
可視化でモチベーション維持ができる
新しい学習アプリです。

文章の下にぼかし効果を使った長方形を配置し、文字の視認性を高める

モックアップ画像を作成して配置する

01 スマホの2台のモックアップ画像「sp_mock2.jpg」をPhotoshopで開きます。画像を右クリックして［このアプリケーションから開く→Adobe Photoshop 2023.app］を選択してもOKです。

レイヤーパネルで右の鍵マークをクリックし、「背景」レイヤーから「レイヤー0」に変更します 01 。ツールパネルの［オブジェクト選択ツール］を選択し、オブジェクトをドラッグして選択します 02 。上部のオプションバーの［選択とマスク］をクリックし 03 、境界線部分の微調整を行います 04 05 。続けて、レイヤーパネル下部の［レイヤーマスクを追加］をクリックして、マスクを作成します 06 07 。

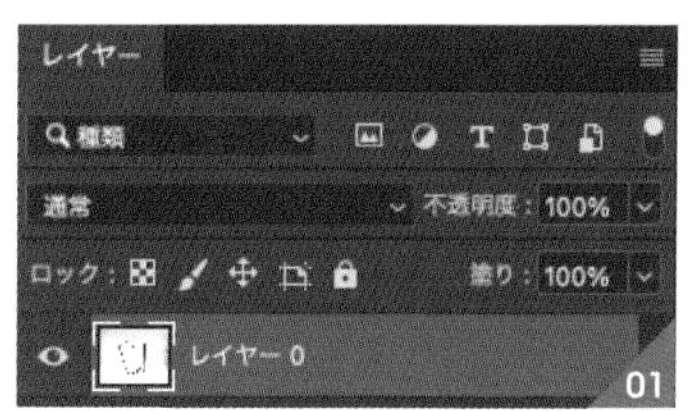

ドラッグして選択範囲を作成

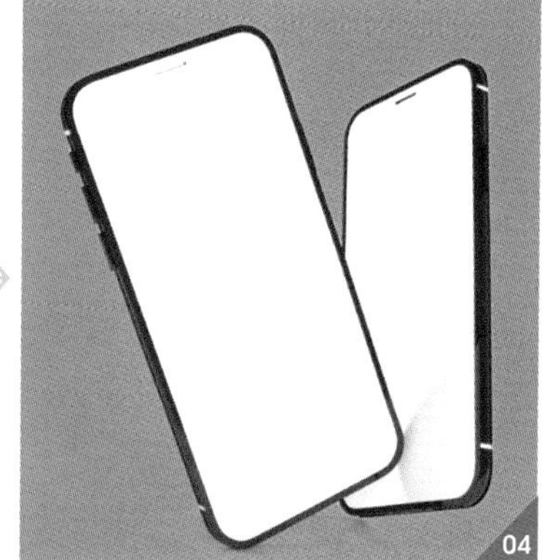

調整が完了したら［OK］をクリック

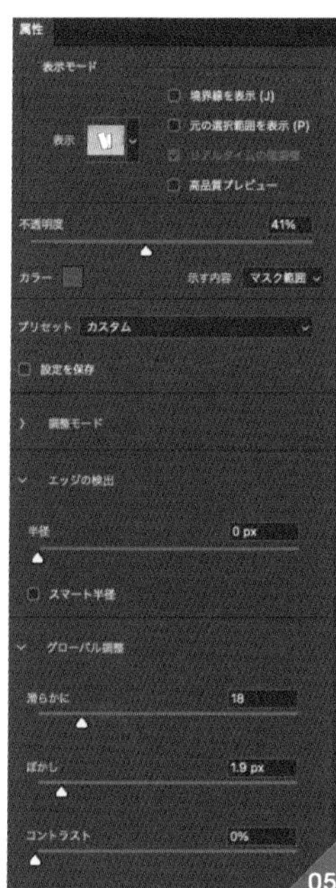

［選択とマスク］の設定

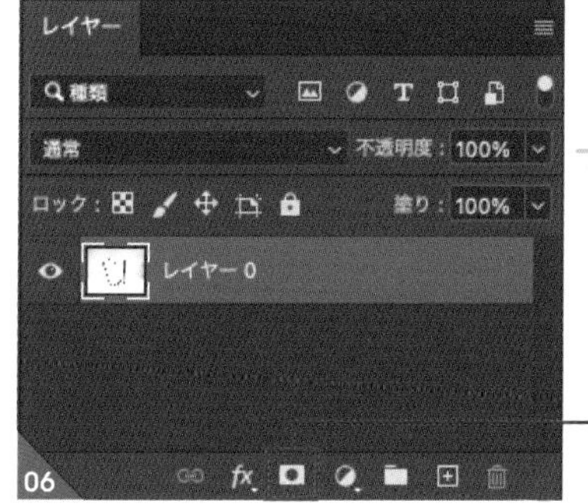

レイヤーマスクを追加

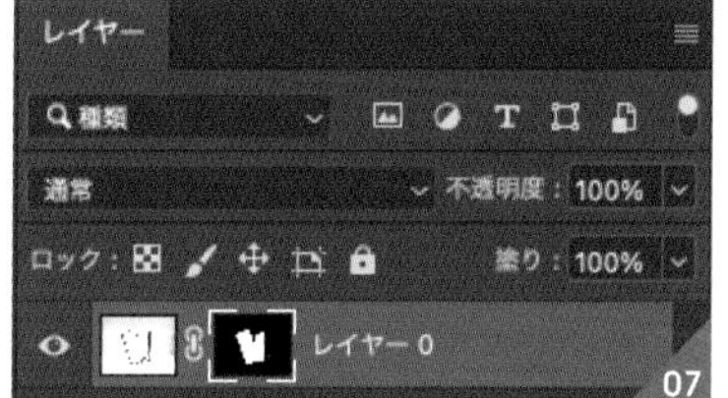

02 はめ込み画像の「app-ui.jpg」をドラッグ&ドロップし、レイヤーに追加します 08 。レイヤーパネルで「app-ui」レイヤーを選択し、右クリックでスマートオブジェクトに変換します 09 。画像を選択した状態で、[編集メニュー→変形→多方向に伸縮]を選択し、モックアップ画像の中に収まるように調整します 10 。

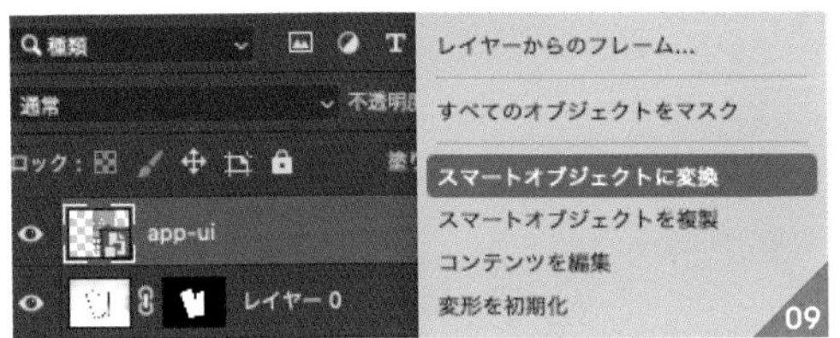

03 2枚目のモックアップ画像を作成します。手順02と同じ方法で画像をはめ込みます 11 。次に、はめ込んだ画像と同じ大きさになるように、[ペンツール]ではめ込み画像のシェイプを作成します 12 。続けて、2つ目のはめ込み画像を非表示にし、[ペンツール]と[曲線ペンツール]を使って、手順02で作成した1つ目のモックアップ画像と2枚目のモックアップ画像の重なっている部分のシェイプを作成します 13 。

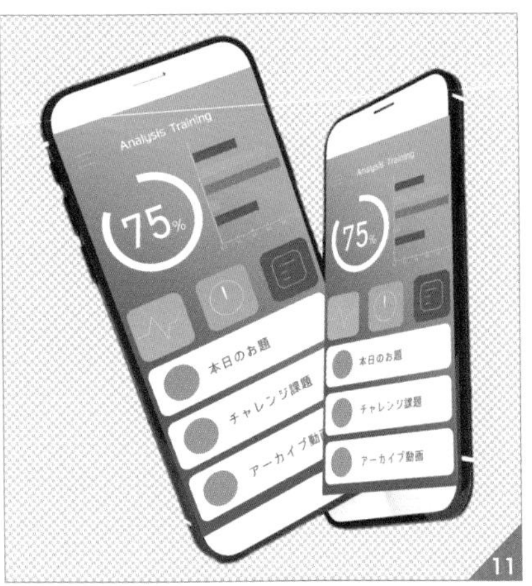

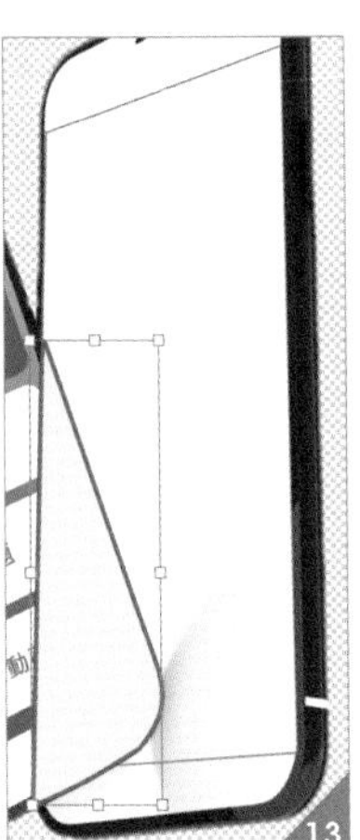

04 作成した2つのシェイプを選択した状態で、[レイヤーメニュー→シェイプを結合→前面シェイプを削除]を選択し 14 、15 のようなシェイプにします。
レイヤーパネルで非表示にしていたはめ込み画像のレイヤーを表示し、シェイプの上に移動します 16 。移動したレイヤー上で右クリックし、[クリッピングマスクを作成]を選択すると、下のシェイプの形に切り抜かれます 17 。ここで、名前をつけてpsdファイルとして保存します(作例では「sp_mock2.psd」としています)。

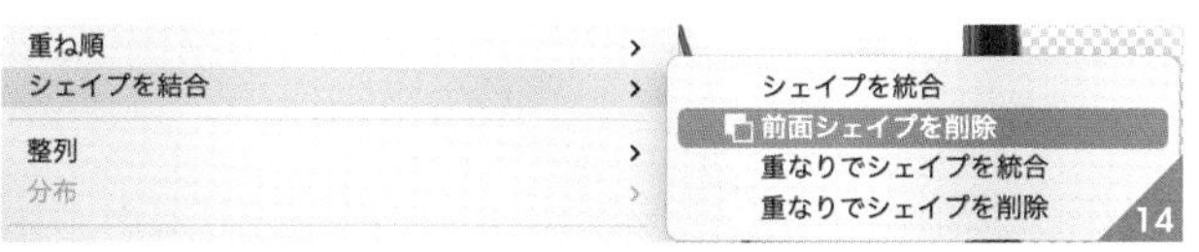

14

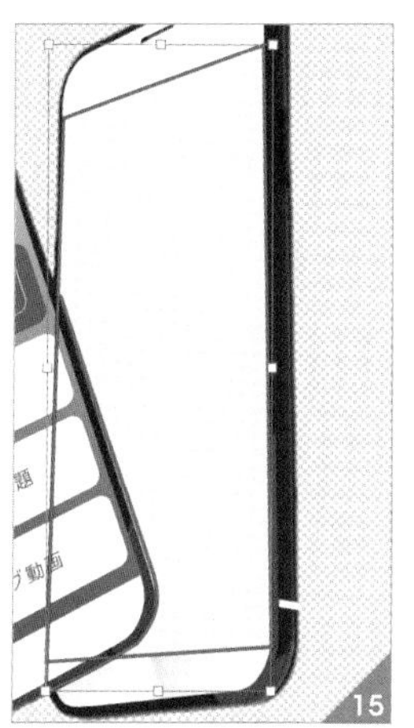
15

16

17

05 Illustratorを開き、アートボードを作成します。アートボード上に手順04で作成したpsdファイルをドラッグ&ドロップで配置します 18 。画像を拡大してテキストを入力し、適切な位置に配置します 19 。

18

19

背景を作成して配置し、整える

06 新規アートボードを追加し、[曲線ツール]を使って 20 のような2本の曲線を描画します。1本目の線の色は「#0d6bbd」、2本目の線の色は「#06c8d4」とします。
2本の曲線を選択した状態でツールパネルの[ブレンドツール]をダブルクリックして、「ブレンドプション」ダイアログを表示します。21 のように設定し、[OK]をクリックしてダイアログを閉じたら、[ブレンドツール]で1本目の一番高い山と2本目の一番低い山をクリックし、ブレンドさせます。これで背景の完成です 22 。

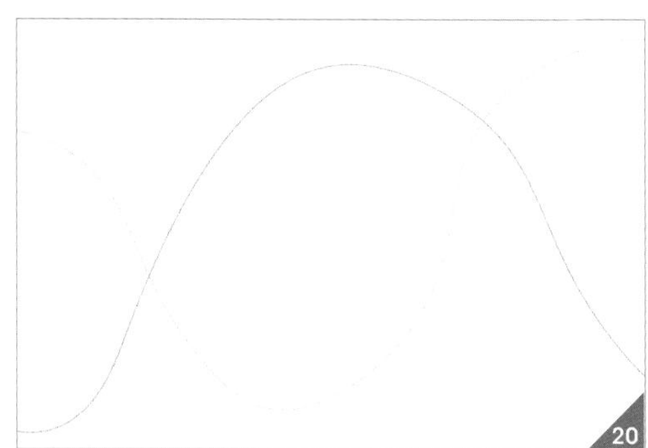

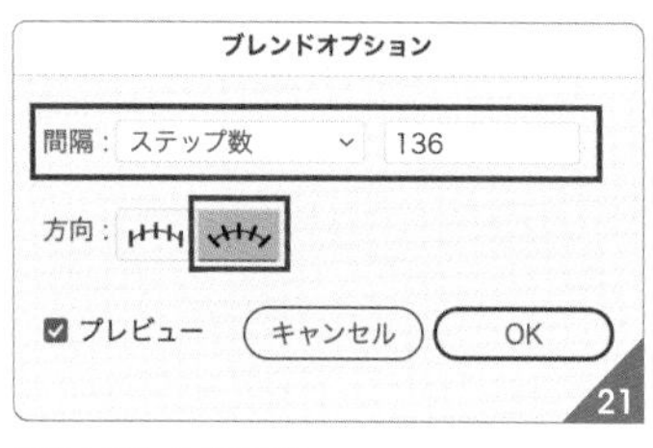

[ブレンドツール]の設定

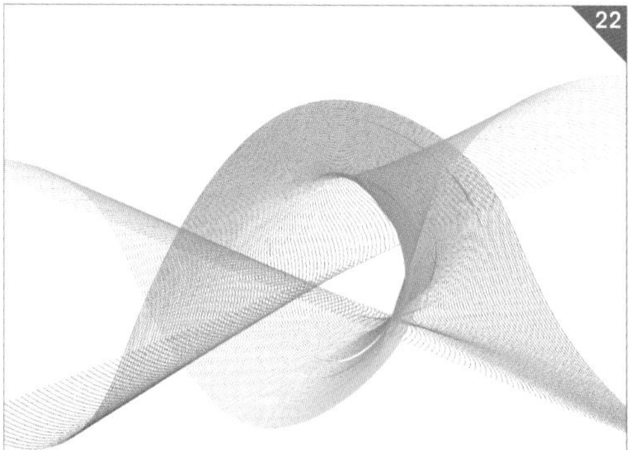

07 手順05で作成したアートボード上に、手順06で作成した背景を配置します。
説明の文章の視認性を担保するために、背景に敷く長方形を用意します。[長方形ツール]で長方形を作成します 23 。

［効果メニュー→ぼかし→ぼかし（ガウス）］でぼかしを［半径：10 pixel］に設定します 24。レイヤーパネルで長方形のレイヤー移動して文字の下に配置します 25。
これで完成です 26。

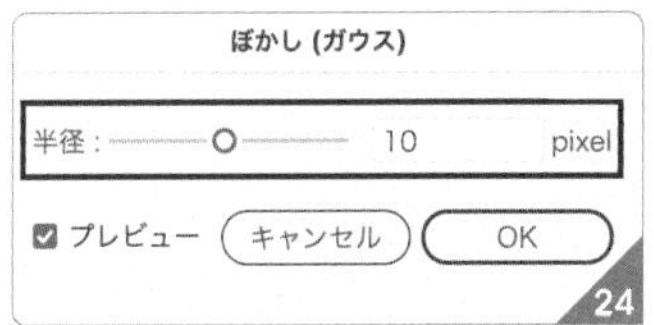

長方形が文章の下にくるようにレイヤーで移動

CHAPTER 1
CHAPTER 2
CHAPTER 3
CHAPTER 4
CHAPTER 5

02 真ん中に視線を集めるレイアウト

所要時間

15分

使用アプリケーション

制作・文 mito

イラストを一番目立たせたい数字の左右に配置することで、視線を中心に集めます。また、親しみやすさをプラスするために、手書き風の加工で全体のデザインを統一していきましょう。

POINT1

イラストを一番目立たせたい数字の左右に配置する

POINT2

リボンの中に文字を配置すると、目立たせつつ、流れるように読める

POINT3

手書き風の加工で全体のデザインを統一する

イラストを切り抜き、2つのファイルに分ける

01 イラスト「friends.jpg」をPhotoshopで開きます。レイヤーパネルでレイヤーの右の鍵マークをクリックし、「背景」レイヤーから「レイヤー0」に変更します 01 。ツールパネルの［オブジェクト選択ツール］を選択し、右側の人物をドラッグして選択します 02 。上部のオプションバーの［選択とマスク］をクリックし 03 、はみ出ている部分などの微調整を行います。［OK］をクリックして元の画面に戻ったら、⌘+shift+Iキーで選択範囲を反転させ、deleteキーで背景を削除します 04 。

サイズを小さくするため、［切り抜きツール］を選択し、切り抜いたイラストが収まるくらいの大きさまで背景を小さくします 05 。サイズが決まったら、オプションバーの右にある［○］を押して確定します。
最後に、［ファイルメニュー→別名で保存］でpsdファイルとして保存します（作例では「girl.psd」としています）。
同じ手順で、「friends.jpg」から左側の人物のみ切り抜き、psdファイルとして保存します（作例では「boy.psd」としています）06 。

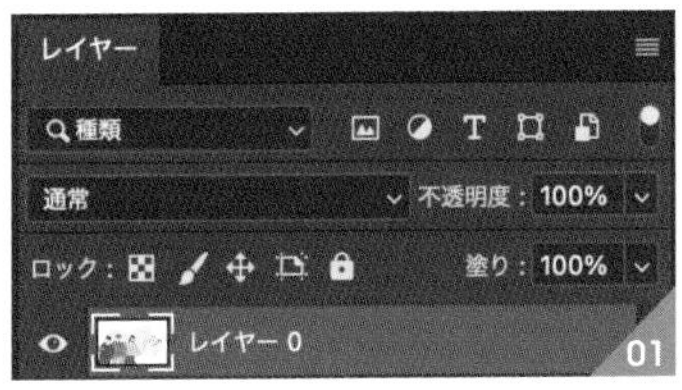

01

02

03

04

05

06

CHAPTER 1
CHAPTER 2
CHAPTER 3
CHAPTER 4
CHAPTER 5

背景を作成し、人物を配置する

02 Illustratorを開き、バナーサイズのアートボードを作成します（作例では、横1280px縦1000pxとしています）。［長方形ツール］でアートボードと同じ大きさの長方形を作成し（線：なし／塗り：#3560ae）、アートボードにぴったり重なるように配置します 07 。続けて、作成した長方形の内側に、08 のように長方形（線：なし／塗り：#bee1f9）を作成します。作成した長方形を複製し、複製前の長方形と最初に作成した長方形を選択し 09 、パスファインダーパネルの［前面オブジェクトで型抜き］をクリックし 10 、フレームのようなシェイプを作成します 11 。

アートボードと同じサイズの長方形を配置

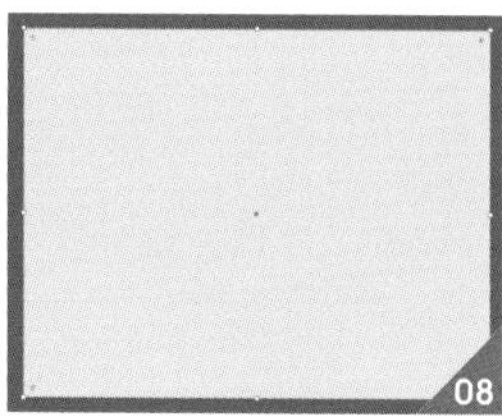

さらに内側に長方形を配置

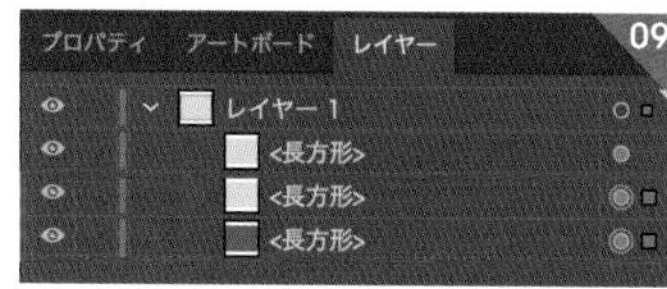

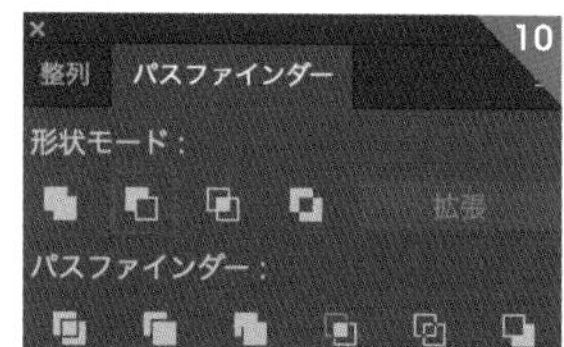

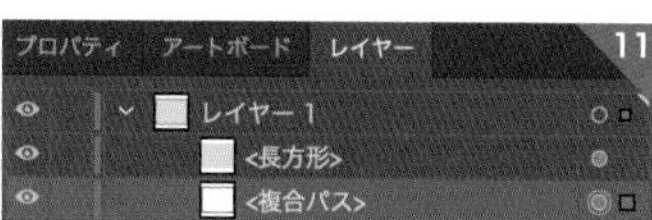

03 手順01で切り抜いた2人の人物をアートボード上に配置します。作成したpsdファイルをドラッグ&ドロップでアートボード内に置きます 12 13 。

テキストを配置し、装飾をつける

04 まずは、元バナーのデータから必要なテキストを配置します 14 。

05

最初に、「500」に関して文字装飾を行います。

「500」を選択した状態で、いったん［塗り］と［線］を「なし」とします。アピアランスパネルを開き、左下の［新規線を追加］をクリックし、［線］と［塗り］を追加します（［塗り］は自動で追加されますが、追加されない場合は、［新規塗りを追加］をクリックしてください）。

［線］のカラーは「#3560ae」、太さは「8px」とします。［塗り］のカラーは「#f9bd69」とします 15 16。さらに、アピアランスパネルで［塗り］→［線］の重なり順になるように入れ替えます 17。

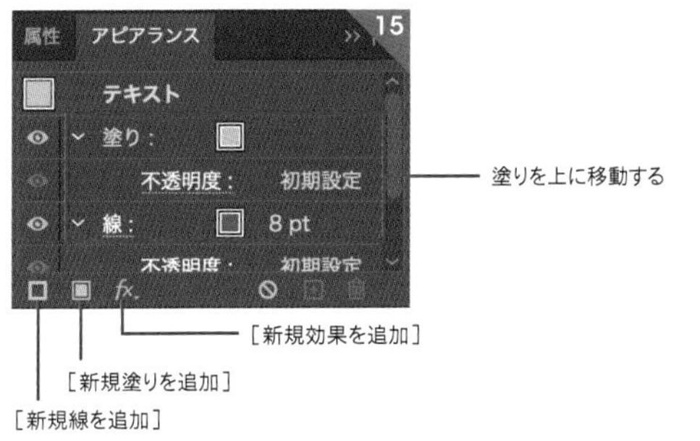

06

次に、アピアランスパネルで［線］を選択した状態で、左下の［新規効果を追加］をクリックし、［パスの変形→変形］で「変形効果」ダイアログを開きます。［移動］で［水平方向：12px］、［垂直方向：4px］とし［OK］をクリックします 18 19。

最後に、［塗り］と［線］に効果を追加します。［塗り］を選択した状態で、左下の［新規効果を追加］をクリックし、［ブラシストローク→ストローク（スプレー）］で［ストローク（スプレー）］ウィンドウを開きます。［ストロークの長さ：9］、［スプレー半径：14］とします 20 21。同じ手順で［線］に対してもストローク効果を追加します 22。

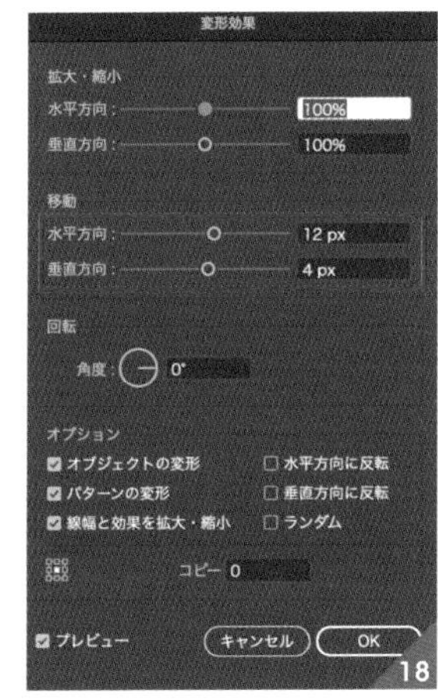

19

線だけをずらす

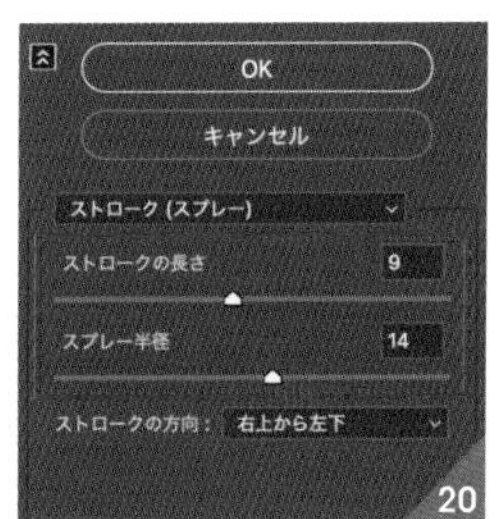

［塗り］に［ストローク（スプレー）］効果を適用

［線］にも［ストローク（スプレー）］効果を適用

MEMO

アピアランスパネルが表示されていない場合は［ウィンドウメニュー→アピアランス］を選択します。

07 「アンケート回答で」を囲む直線を作成します。[直線ツール]を選択し、直線（塗り：なし／太さ：4px／カラー：#3560ae）を追加します 23。作成した直線を選択した状態で[リフレクトツール]をダブルクリックし、「リフレクト」ダイアログを表示させます。[リフレクトの軸：垂直]とし、[コピー]を押して複製します 24。作成した直線を適切な位置に配置します 25。

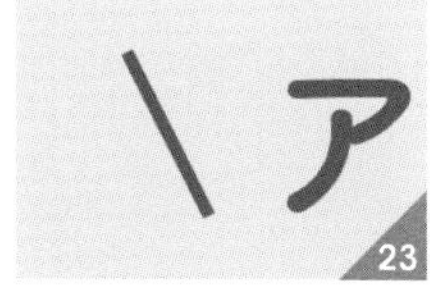
23

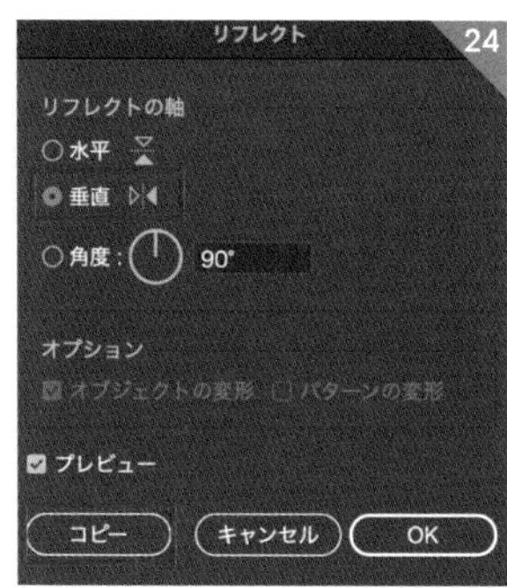

24

＼アンケート回答で／
25

08 [ブラシツール]を選択し、shiftキーを押しながら「期間：2023年…」の上部に直線（太さ：4px／カラー：#3560ae）を追加します。26。
作成した線を選択した状態で、アピアランスパネルから[ブラシ定義]を開き 27、[木炭（鉛筆）]を選択します 28 29。太さが変わっている場合は、4pxに戻します
作成した線をコピーし、180°回転させて、数字下部にも配置します 30。

期間：2023年8月10日まで
26

クリックしてブラシ定義を表示

属性　アピアランス
パス
線：
基本
27

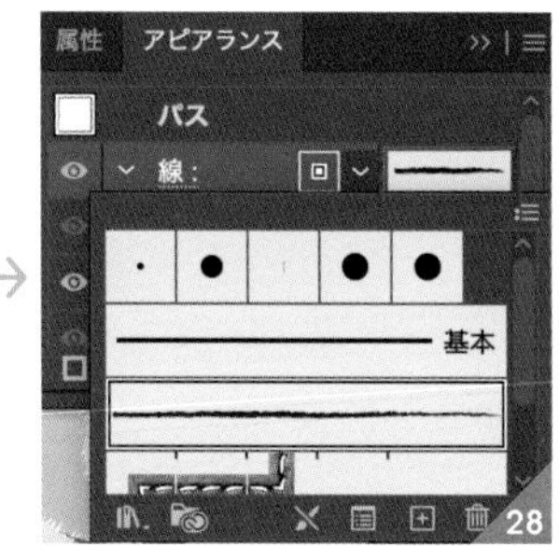

28

期間：2023年8月10日まで
29

期間：2023年8月10日まで
30

MEMO
ブラシ定義に[木炭（鉛筆）]がない場合は、ブラシ定義メニューから[ブラシライブラリを開く→アート→アート_木炭・鉛筆]を選択します。

波打つフラッグを作る

09 「サービス開始15周年」を選択した状態で、アピアランスパネルの［新規塗りを追加］で［塗り］を2つ追加し、上の塗りを「#ffffff（白）」、下の塗りを「#3560ae」に設定します 31 。
アピアランスパネル上のテキストを選択し、下部の［新規効果の追加］から［パス→オブジェクトのアウトライン］を選びます 32 。
一番下の［塗り］を選択し、下部の［新規効果の追加］から［形状に変換→長方形］を選びます。［サイズ：値を追加］、［幅に追加：100px］、［高さに追加：28px］とします 33 34 。

下の［塗り］を選択した状態で、下部の［新規効果の追加］から［ワープ→でこぼこ］で、［垂直方向］、［カーブ：-50％］とします 35 36 。続けて［パスの変形→ジグザグ］を選択し、［大きさ：0px］、［折り返し：1］、［ポイント：直線的に］とします 37 38 。さらに、［新規効果の追加］から、［ワープ→旗］を選択し、［水平方向］、［カーブ：-28％］とします 39 40 。

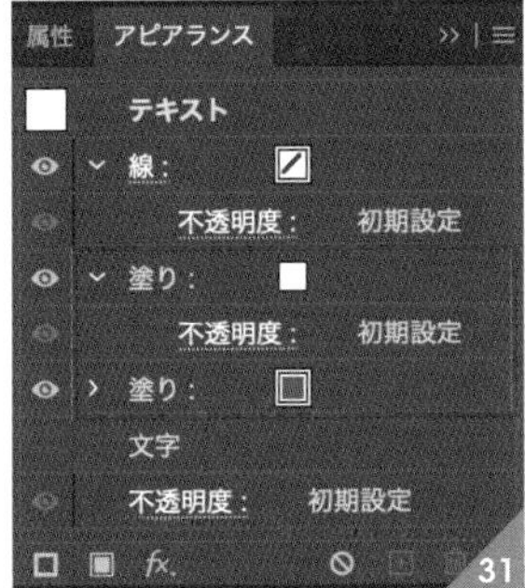

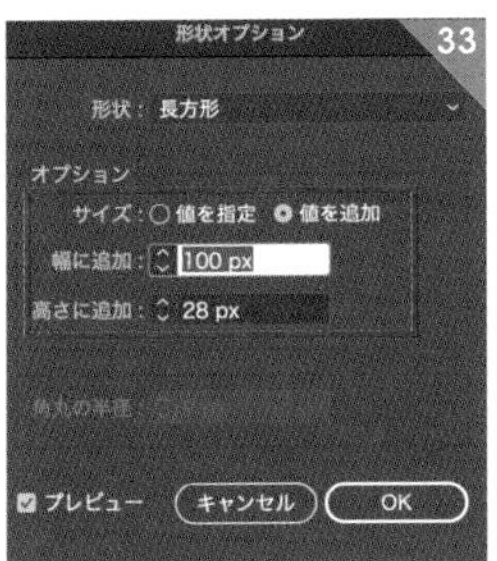

［形状に変換→長方形］で下の塗りを長方形に

［ワープ→でこぼこ］を適用

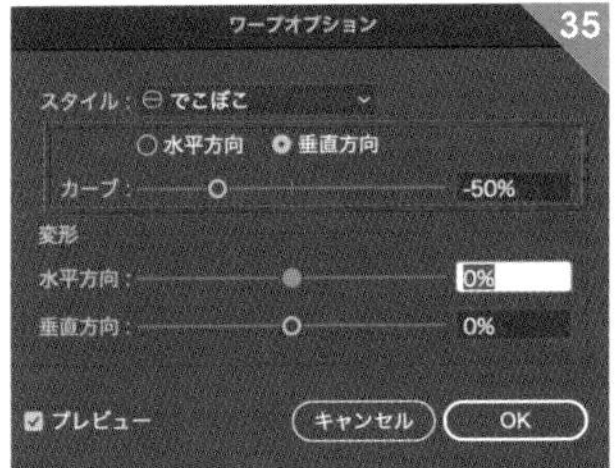

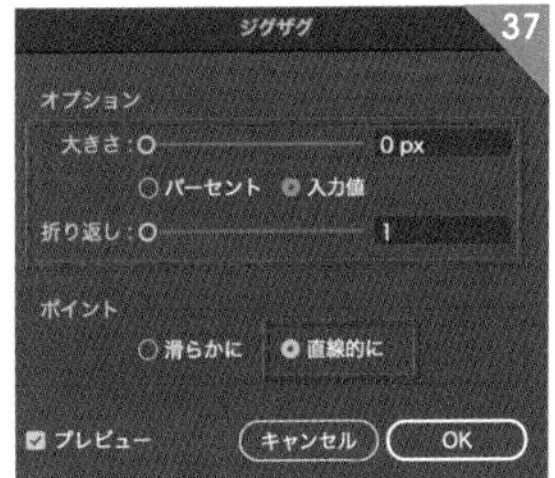

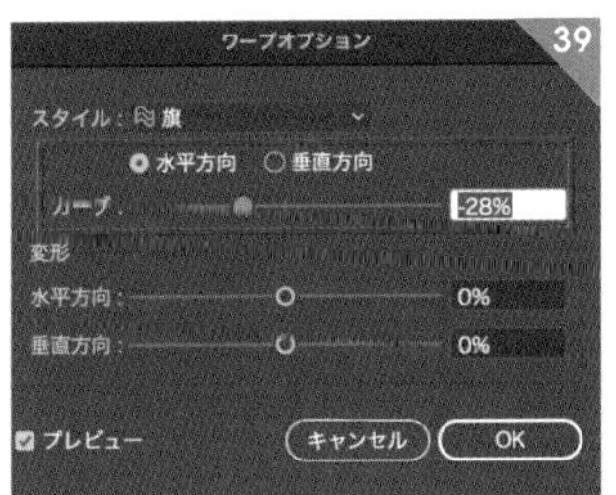

［パスの変形→ジグザグ］を適用

［ワープ→旗］を適用

10 文字にもカーブをつけるために、[ワープ:旗]の効果を移動させます 41 。
再度、[塗り]の[長方形]を選択し、[新規効果の追加]から[ブラシストローク→ストローク(スプレー)]で[ストローク(スプレー)]ウィンドウを開きます。[ストロークの長さ:9]、[スプレーの半径:14]とします 42 43 。

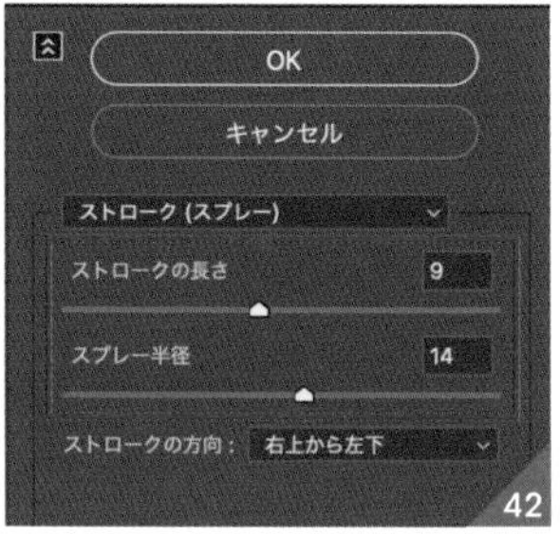

文字に[ワープ→旗]を適用

背景に質感をプラスする

11 レイヤーパネルで背景の長方形を背面にコピーします。
コピーした長方形に対して、アピアランスパネルの[新規効果の追加]から[スケッチ→ノート用紙]を選択し、[画像のバランス:34]、[きめの度合い:8]、[レリーフ:14]と設定します 44 。
さらに[不透明度:85%]とします 45 46 。

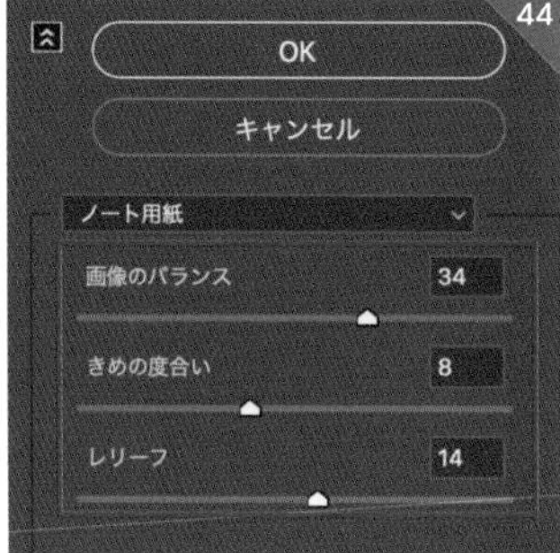

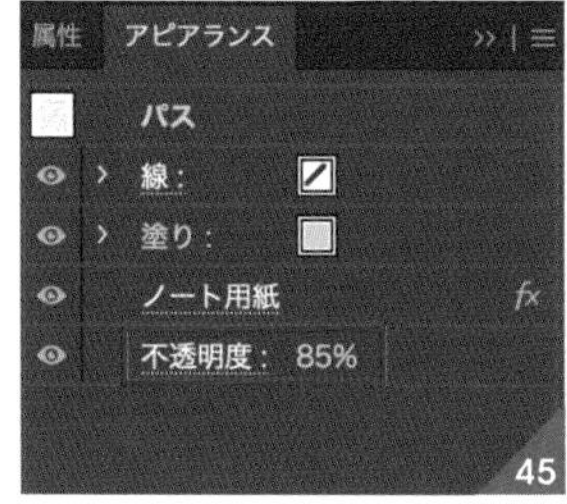

コピー元の長方形を非表示にした状態

12 コピー元の長方形を選択し、[不透明度：85%]、[描画モード：乗算]とし、ノート用紙の塗りが透けて見えるようにして完成です 47 48 。

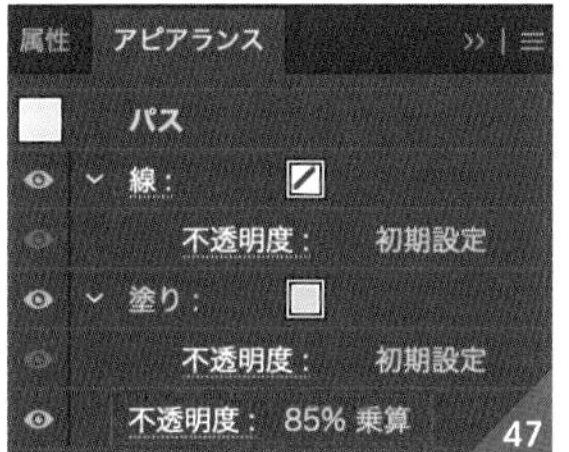

MEMO

ノート用紙の効果を追加した長方形がレイヤーパネルでコピー元の長方形より上にある場合は、コピー元の長方形の下に移動させます。

03 スタイリッシュな斜めグリッドレイアウト

所要時間

15分

使用アプリケーション

制作・文 高野 徹

複数ある写真のレイアウトに斜めグリッドデザインを取り入れることで、印象に残るレイアウトになります。グリッドを作成したあとでライブペイントツールを使うことで、エリアの塗り分けやマスキングも簡単に行なえます。

POINT1

パスで区切った長方形をライブペイントグループにする

POINT2

ライブペイントツールで区切られたエリアを塗る

POINT3

区切られたエリアに画像をトリミングする

グリッドを描画する

01 元データ(03-03_before.ai)を開き、レイヤーパネルで「photo」レイヤーと「txt」レイヤーを非表示にし、中間層に新規レイヤーを追加し名前を「grid」とします 01 。このレイヤーに斜めグリッドを作成しましょう。
[長方形ツール]で、バナーサイズの長方形(塗り:白)を描きます。次に[直線ツール]でアートボードをshiftキーを押しながら右下にドラッグして斜線を描きます(斜線の線色はわかりやすく黒にしています) 02 。3本の右下がりの直線を描画後、左下りの直線を1本描画します 03 。

MEMO
[直線ツール]はshiftキーを押している間は45°刻みの角度で線が描かれます。

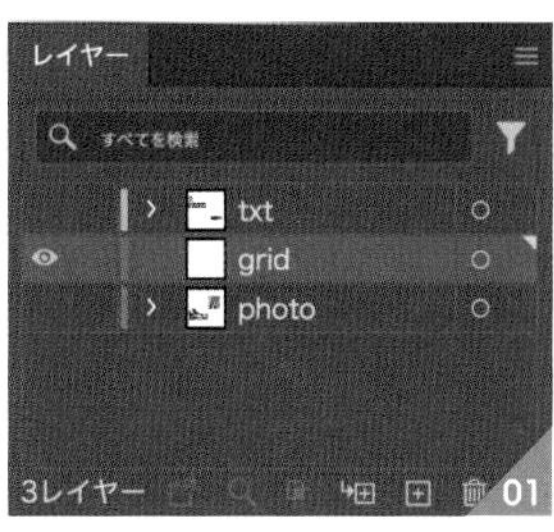

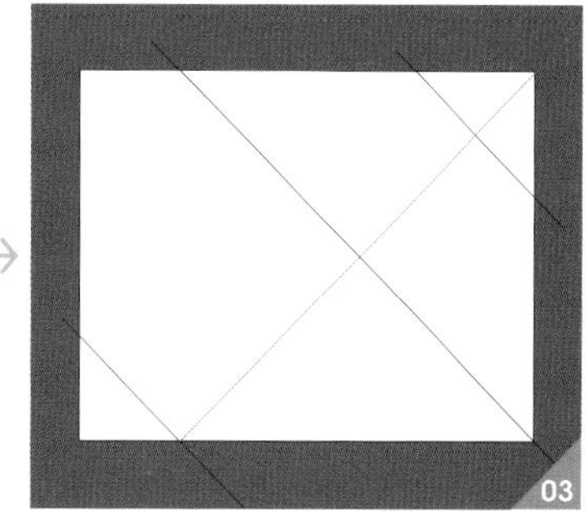

02 レイヤーパネルで「txt」レイヤーを表示し 04 、[選択ツール]で文字要素を移動してレイアウトし直します 05 。レイアウトした文字に合わせて斜線をそれぞれ移動して微調整をすることで、グリッドのバランスを調整します 06 。

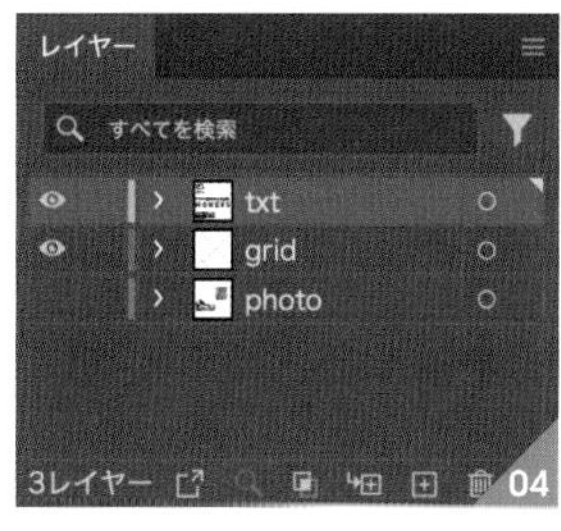

03 ライブペイントで塗り分ける

03 ［選択ツール］で描画した長方形と斜め線をshiftキーを押しながらクリックしてすべて選択します 07 。［ライブペイントツール］で選択したオブジェクトをクリックすることで、オブジェクトをライブペイントグループにします 08 。

MEMO
ライブペイントグループにすることで、パスが閉じた領域に塗り絵のように色をつけることができます。

長方形と線をすべて選択

［ライブペイントツール］でクリック

04 カラーパネルで塗りをネイビー（R27／G20／B100）に設定し 09 、［ライブペイントツール］で右の四角形のエリア上でクリックすることで塗りをネイビーにします 10 。同じく左下の三角形のエリアもネイビーにします 11 。

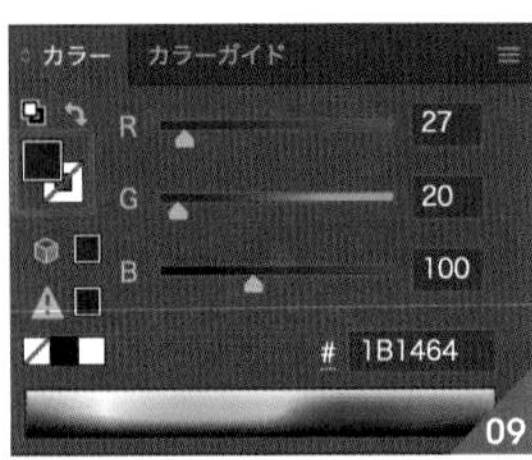

05 右上の2つの三角形のエリアにも塗りを設定します。カラーパネルで塗りをライトグレー（R200/G200/B200）に設定し 12 、［ライブペイントツール］で右上の2つの三角形をクリックしてライトグレーにします 13 。

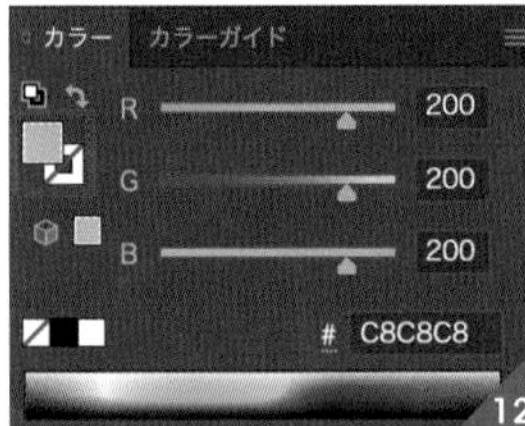

06 次にカラーパネルで塗りを［なし］に設定し 14 、写真を配置するエリア2つをクリックして塗りをなしにします 15 16 。

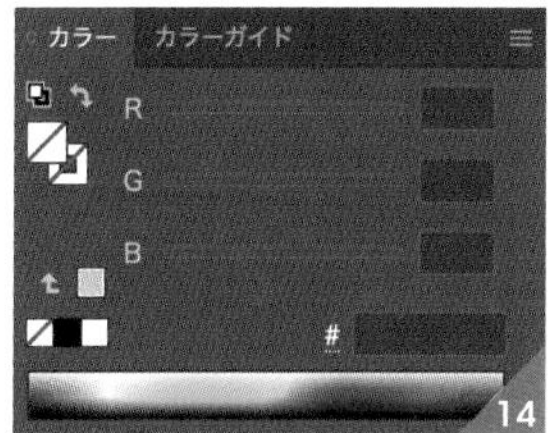

グリッドで写真をマスクする

07 レイヤーパネルで「photo」レイヤーを表示し 17 、画像をマスクをしている長方形のパスを［ダイレクト選択ツール］で選択し、削除します 18 19 。

長方形を選択

削除後

レイヤー
txt
grid
photo
3レイヤー
17

08 上の写真のバウンティングボックスをドラッグして、画像の大きさを上のエリアに合わせて調整します 20 。

09 レイヤーパネルで「grid」レイヤーを選択します 21 。[ライブペイント選択ツール]で、上のエリアをクリックして選択し 22 、[編集メニュー→コピー]を実行します。

21

22

10 レイヤーパネルで「photo」レイヤーを選択し 23 、[編集メニュー→同じ位置にペースト]を適用します 24 。
ペーストしたオブジェクトと画像を同時に選択して、[オブジェクトメニュー→クリッピングマスク→作成]で画像をマスクします 25 。

23

24

25

11 下の画像もレイアウトを調整し 26 、同様の要領で画像をマスクします 27 。

26

27

12 ［選択ツール］で「grid」レイヤーのライブペイントグループを選択し 28 、線を［なし］にします 29 。
これで完成です 30 。

28

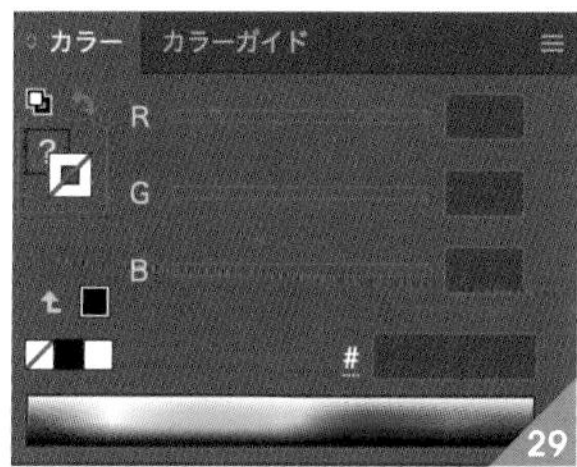

29

30

04 横組みと縦組みを合わせたリズム感のあるレイアウト

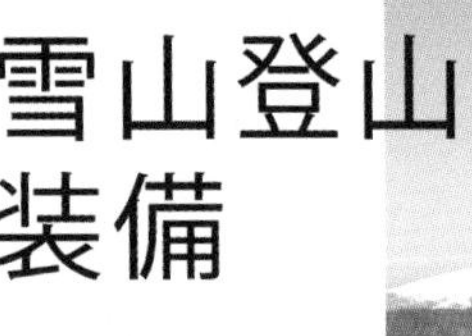

デザイン性のある構成にしたい

所要時間

 10分

使用アプリケーション

制作・文 木戸武史

シンプルな素材の落ち着いたイメージに、文字組みを工夫して動きを演出します。写真をトリミングし、空間に余白を作ります。横組みタイトル文字を写真に重ねて配置することで奥行きを作り、縦組みの見出し文字とシンプルな線画のイラストをアクセントに、リズム感のあるレイアウトに仕上げます。

POINT1

写真のトリミングをリサイズして余白を作る

POINT2

タイトル文字を改行し、写真に重ねて配置する

POINT3

縦組みの見出し文字とイラストをレイアウトする

写真のトリミング領域をリサイズする

01

背景、写真、文字を別レイヤーに設定しておきます 01 。背景を作成し、写真の色味に合わせたカラーを設定します 02 03 。

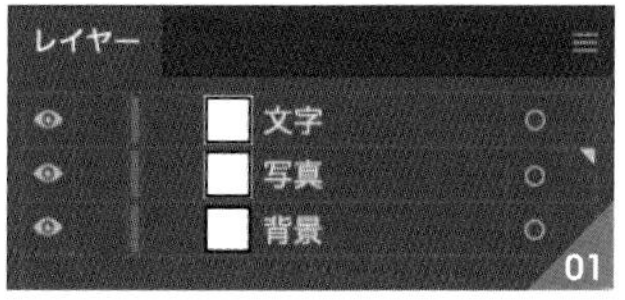

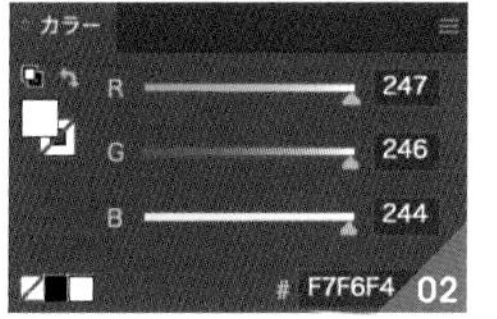

写真と並べて違和感のない色味にする

02

上右下のアキをそれぞれ16px空けた長方形を作成します 04 。写真の最初のマスクを解除し、新しい長方形でマスクし、トリミングサイズを変更します 05 06 。天地のサイズに合わせて人物が大きく見えるように写真の比率も調整します 07 。

タイトル文字を写真に重ねて配置する

03

タイトル文字を改行し、文字の右側が少し写真に重なるサイズで配置します 08 。ここでは「フォントサイズ：30pt］、［行送り：36pt］に設定しています。また、すべて漢字で文字のバランスが揃っているので［文字間のカーニングを設定：和文等幅（または0）］に設定します 09 。

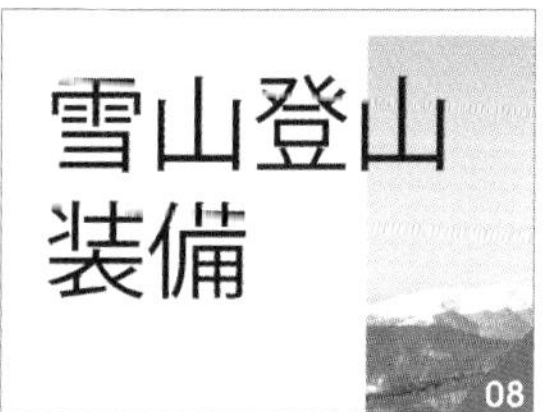

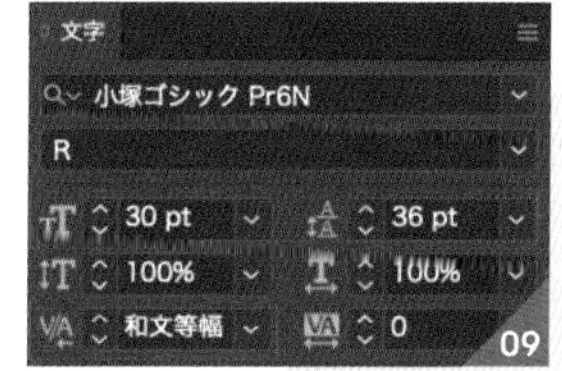

04

写真と文字の重なる部分が窮屈に見えたり、文字の可読性が落ちる場合は写真のマスクのサイズ、文字のサイズ、トラッキングなどを調整してスッキリさせます。今回は［ダイレクト選択ツール］で写真のマスクの左辺を少し（11px）右に移動させ 10 、文字パネルで［選択した文字のトラッキング：80］に設定し 11 、写真の境界線と漢字の重なる部分を調整しました 12 。
写真のマスクサイズを修正したら、バランスも見てトリミングも調整しておきます 13 。

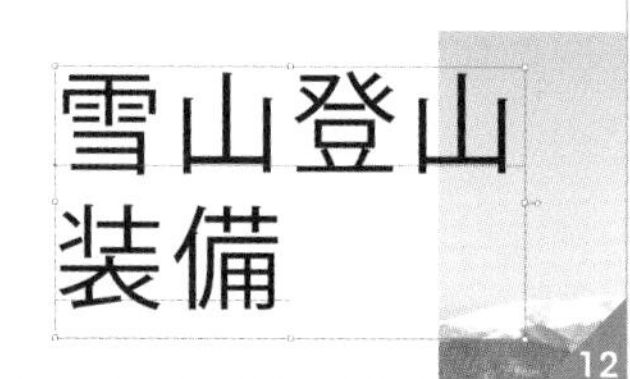

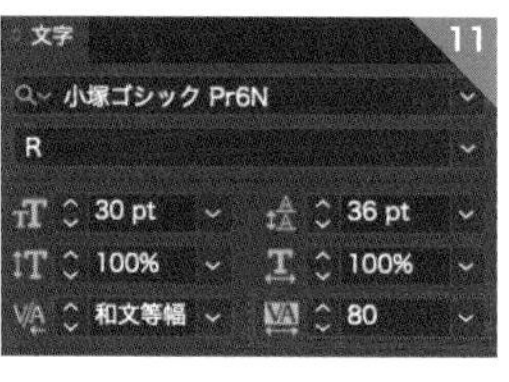

縦組み文字とイラストでレイアウトをまとめる

05

［文字（縦）ツール］で縦組みの文字を制作します。
［フォントサイズ：12pt］、［行送り：20pt］、［選択した文字のトラッキング：170］に設定し、字間を広めにします 14 。
OpenTypeパネルで［プロポーショナルメトリクス］（それぞれのフォントに備わっている文字詰め情報）、［横または縦組み用かな］（日本語フォントには縦組みと横組みに合わせた書体が用意されている場合がある）にチェックを入れます 15 。
次に文字パネルで［文字間のカーニング：メトリクス］に設定します 16 。［メトリクス］の他に［オプティカル］や［和文等幅］の方が美しいフォントもあるので、そのつど確認してみましょう。

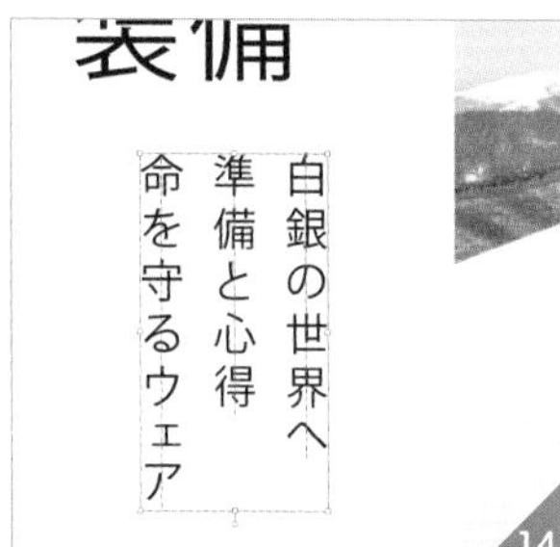

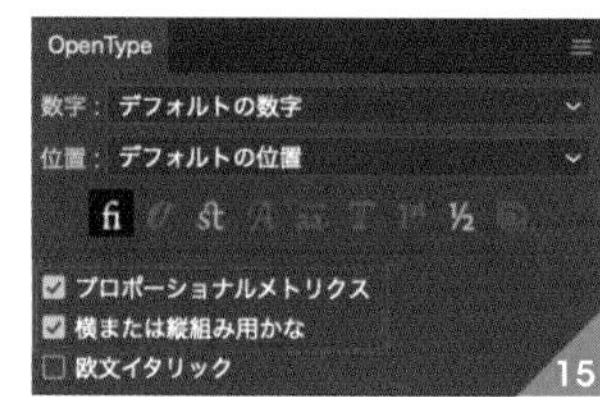

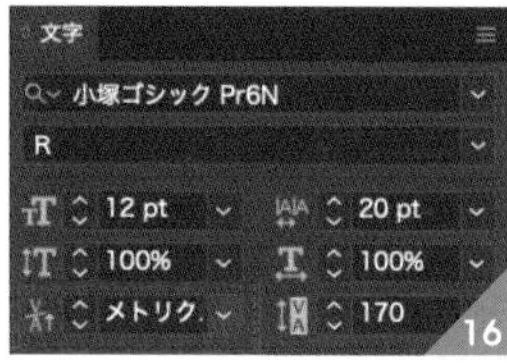

MEMO

プロポーショナルメトリクス］、［横または縦組み用かな］がOpenTypeパネルに表示されない場合は［環境設定→テキスト→言語オプション→東アジア言語のオプションを表示］をチェックすると表示されます。フォントによっては備わってないものもあり、設定できない場合もあります。

06 ［ペンツール］でシンプルな山のイラストを作成します。shiftキーを押しながらクリックして同じ角度の山を2つ作成しグループ化します 17 。バウンディングボックスで少し横に広げます 18 。
［ダイレクト選択ツール］で山頂部分のアンカーポイントを選択し 19 、コントロールパネルで［コーナー：5px］に設定し角丸にします 20 21 。［線幅：1.4px］に設定して、写真に少し重なるように配置します。
文字情報とイラストをすべて画面に配置してから最後に微調整します。文字のサイズや字間行間など、余白や空間のバランスを確認しながら全体を整え完成です 22 。

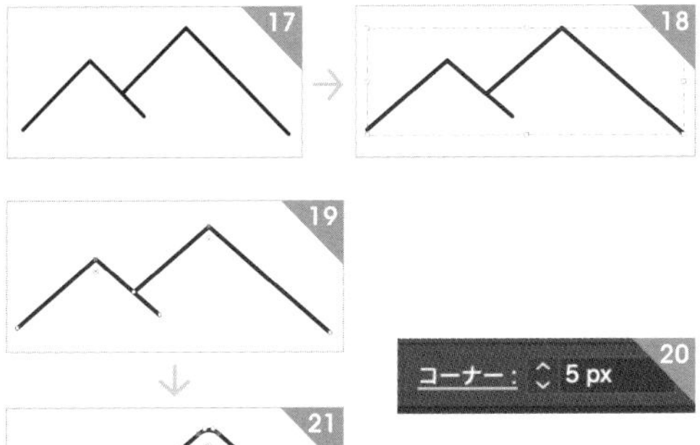

05 円形の構図でまとめるレイアウト

素材が散在していて
バラバラに見える

所要時間

10分

使用アプリケーション

制作・文 遊佐一弥

たくさんのアイテムを並べた際に散漫な印象になってしまうのを避けたいときは、円形の構図を取り入れて画面をまとめるという方法もあります。文字などのその他の要素も円形に沿わせることで、よりまとまったイメージが強調されます。

POINT1

円形のイメージを補助する役割の背景シェイプ

POINT2

円形シェイプをガイド代わりに均等に空間を埋めていく

POINT3

シェイプに沿わせるテキスト配置で画面全体のバランスをとる

モチーフを円形の中にまとめていく

01 加工前のバナーは 01 のようなレイヤー構造になっています。スマートオブジェクトの「object」レイヤーのサムネイルをダブルクリックして編集モードに切り替えます。[楕円形ツール]でshiftキー+ドラッグしてガイドとなる正円をシェイプで描いて背面に配置しましょう 02 。

01

02

02 描いたシェイプをガイド代わりにしながら円形の中にフルーツ画像1つずつ並べ、並べ終わったらシェイプを非表示に切り替えておきます 03 。保存してスマートオブジェクトを閉じましょう。

03

テキストを円形に沿って配置し直す

03 テキストを円形オブジェクトの円の内側に配置します。
フルーツ画像を囲むように正円のシェイプを描き、[横書き文字ツール]に切り替えてパスの上でカーソルが切り替わったらクリックして「Fruits and herbs」のテキストを入力し直します 04 。

04

04 ［ダイレクト選択ツール］に切り替えるとテキストをシェイプの外側と内側のどちらに配置するかを切り替えられるので、ドラッグしてテキストをシェイプの内側に移動させ、位置を調整します 05 。

05

05 テキストの色は文字パネルのカラーピッカーで［スポイトツール］を使って写真の中から色を抽出します 06 。テキストレイヤーを［描画モード：焼き込み（リニア）］に設定して少し重ねることで、フルーツ画像との一体感を加えています 07 。

06

［スポイトツール］で写真の中から抽出

07

背景の処理

06 背景にシェイプを追加します。対角線を描く三角形は、［三角形ツール］で描画してから、［ダイレクト選択ツール］に持ち替えて頂点を移動させます。さらにフルーツの背面に正円を配置します。円形から少しフルーツがはみ出すくらいに配置すると動きが出ます 08 。

08

07 背景画像の上に［カラー：R254／G211／B75］のべた塗りレイヤーを配置します。円形に沿って並べたレイアウトがより際立つように、コントラストの高い色の組み合わせとしています。［描画モード：乗算］に設定して、背景（光量落ち画像）のニュアンスが若干出るようにしています 09 。最後にテキストの調整を行なえば完成です 10 。

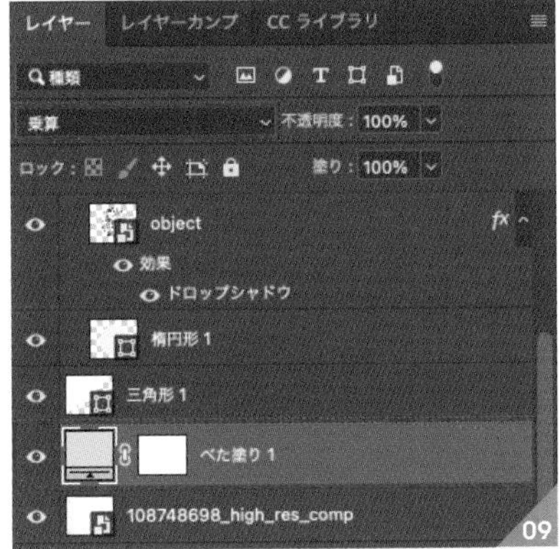

09

10

06 三角形の構図でまとめるレイアウト

所要時間

15分

使用アプリケーション

制作・文 久川裕右

三角構図でまとめることで、最先端な印象のデザインにしていきます。写真を各々三角形でマスキングし、大小のアレンジを加えつつ配置してデザイン性を高めます。背景に配置するパーツも三角形と連動したものを効果的に配置することで、インパクトのあるデザインに仕上がります。

POINT1

人物写真などを各々三角形でマスキングする

POINT2

大小のアレンジをしつつ、バランスを見て配置する

POINT3

背景のパーツも三角形と連動したものを配置、デザインを性を高める

人物を三角形でマスクする

01

人物画像がいくつかまとめられたデータを準備します 01 。元バナーのファイルから作成する場合は、いったん写真と矩形のレイヤーを削除します。

［三角形ツール］で［塗り：#f98200］の三角形を作成します 02 。三角形の上に人物データをペーストし 03 、右クリックで［クリッピングマスクを作成］を選択すると、三角形でマスキングした人物イメージのデータができます 04 。同様の工程で［塗り：#b337ff］の三角形を作成し、［編集メニュー→パスを変形→垂直方向に反転］で上下反転させます 05 。この三角形の上にまた別の人物データをペーストし、右クリックで［クリッピングマスクを作成］選択して、マスキングした人物イメージの別データを作成します 06 。

01

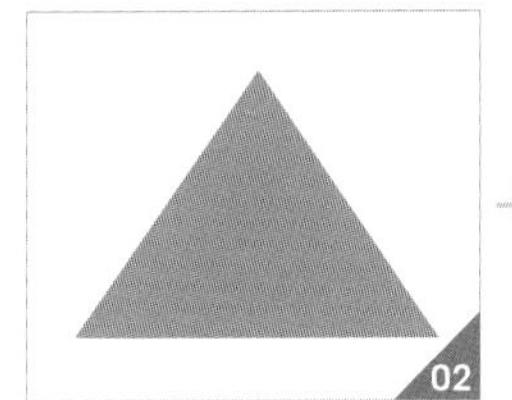
02

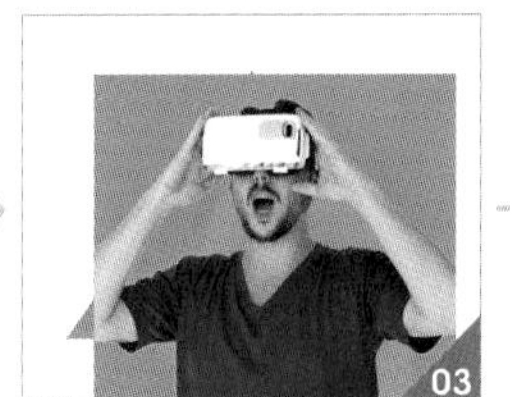
03

04

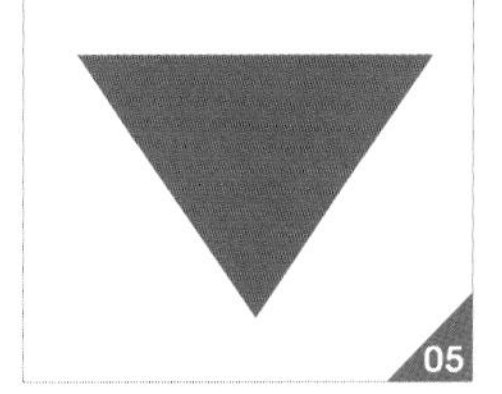
05

06

02

手順01の工程を繰り返し三角形でマスキングした人物イメージを6点作成します 07 。さらに人物以外のイメージを三角形でマスキングしたデータも2点作成し 08 、今回使用する三角形でマスキングした写真データの準備が完了します。

07

08

06 三角形でマスクした画像を配置する

03 手順02で準備した三角形でマスクした画像を、黒のベースに配置していきます。

まず2点の写真データを、左端のほうにレイアウトします 09。右上にテキストデータを後ほど配置することを考慮してレイアウトを進めていきましょう。続けて左下の空きスペースにもう1点の写真データをレイアウト 10。少し重ねるなどしてデザイン性を演出していきます。もう1点の写真データを、やや右側の空きスペースに形状を考慮して配置した後 11、残りの2点の写真データをやや小さめに先ほどの画像に少し重ねつつ配置することで 12、人物の画像のレイアウトが完了です。

さらに人物以外のイメージ写真2点も、空きスペースにうまくはまるようにサイズを調整しつつ、奥行き感を出すため片方を人物画像の後方に少し隠れるように配置するなどして、画像のレイアウトがひとまず完成です 13。

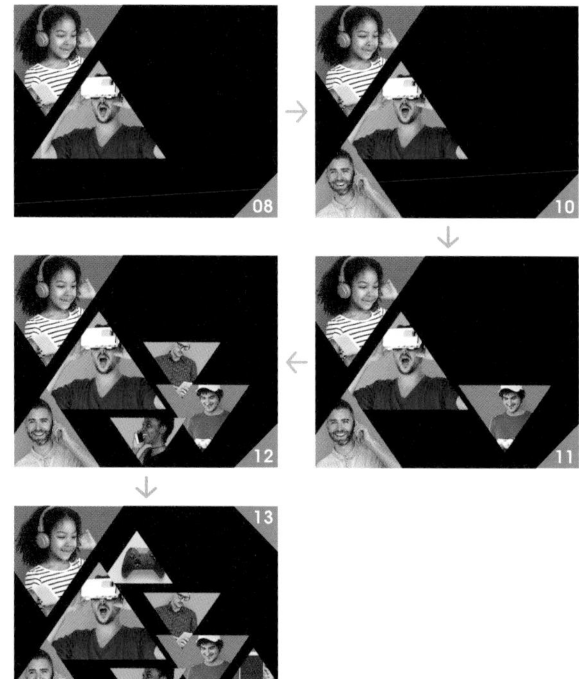

04 ここに三角形のパーツを追加していき、よりデザイン性を高めていきましょう。[三角形ツール]で[塗り：なし]、[線：1px]、[線のカラー：白（#ffffff）]の三角形を数点配置します 14 15。塗りをなしにすることで抜け感を出すのがポイントです。

さらに[塗り：白（#ffffff）]、[線：なし]の三角形を数点小さく配置することで 16 17、三角形というデザインモチーフのまとまりを保ちつつ、デザイン性を高めることができます。

塗りなしの三角形を配置

塗り白の三角形を配置

三角形と連動したパーツを背景に配置する

05 最後に背景のデザインを仕上げていきます。
[塗り:#1b1b1b]の三角形を、背景の両サイド(右上と左下)に向きが反転になるイメージで配置します 18 。

06 Illustratorで作成した斜めのストライプのベクターデータ 19 を手順05で作成した左下の三角形の上に配置します 20 (ペーストする際は、[スマートオブジェクト]としてペーストします)。斜線の角度が三角形と合わない場合は、Illustrator上で調整して再配置しましょう。
また、別のもう少し縦幅の短い斜めのストライプのデータ 21 を、右側の三角形上に重なる部分は黒のまま、重ならない部分は「レイヤースタイル」ダイアログの[カラーオーバーレイ]でオーバーレイのカラーを「#1b1b1b」に調整し、右上方に配置してデザイン性を加えます 22 。
同様にして、21 の短いストライプのデータをオーバーレイのカラー「#1b1b1b」にして、下方にやや小さいサイズで配置し 23 、背景のデザインを仕上げていきます 24 。

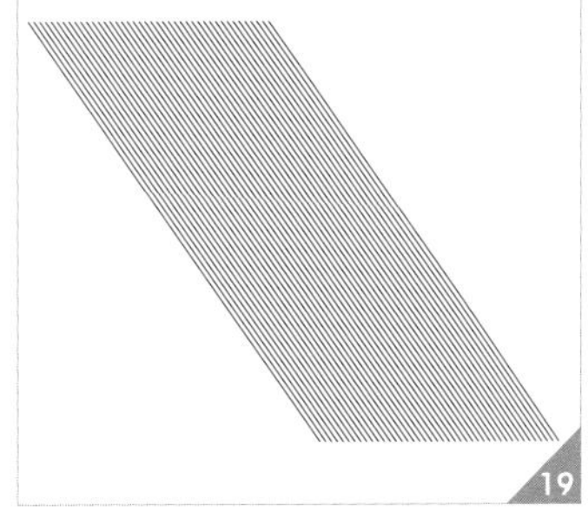

左下の三角形にストライプを配置

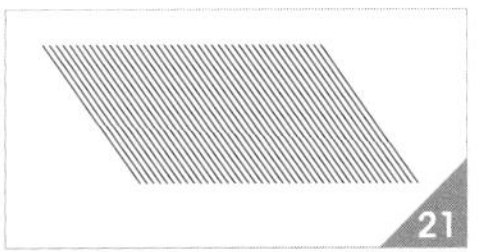

右上方に短いストライプを背景カラーに合わせて調整して配置

下方に短いストライプを小さめに配置

07 Illustratorで作成した三角形の総柄のベクターデータ 25 を、スマートオブジェクトとして背景に配置します。手順06と同様に[カラーオーバーレイ]で、オーバーレイのカラーを「#1b1b1b」にします。このままではややうるさい印象なので 26 、レイヤーパネルの［レイヤーマスクを追加］ボタンでレイヤーマスクを作成し、[グラデーションツール］でマスクを描画して背景デザインにうまく馴染ませます 27 。最後に右上の空いたスペースにテキストデータを配置し、[ラインツール］でポイントとなるデザインを加えるなどして、完成です 28 。

25

26

27

28

07 写真の上に配置しても埋もれない主張するタイトルを作成する

After

写真と一体感のあるタイトルにしたい

Before

所要時間

10分

使用アプリケーション

制作・文 木戸武史

写真の上にタイトル文字を重ね、平面的なレイアウトに立体感をプラスします。クリッピングマスクで文字と重なるようにトリミングを変更し、タイトルを写真の上に配置しても写真に埋もれない影のある立体的な袋文字にします。さらにアーチ状に変形し、シンプルだけど動きのあるレイアウトに仕上げます。

POINT1

クリッピングマスクのサイズを変更する

POINT2

シンプルな方法で文字を立体的な袋文字にする

POINT3

［効果］を使用して文字をアーチ状に変形する

07 写真をトリミングする

01 写真 01 のトリミングのサイズを変更していきます。
背景、写真、文字情報はそれぞれ別レイヤーに分けて配置し、文字情報のレイヤーは非表示にしています 02 。

01

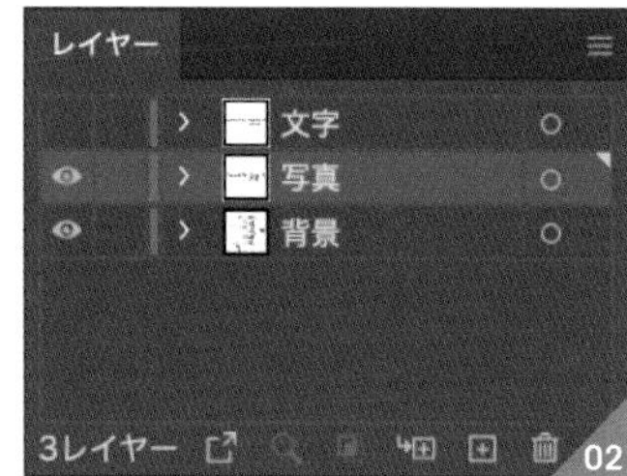

02

02 ［ダイレクト選択ツール］でクリッピングマスクの枠の上辺を20pt上に広げます 03 。次に、左の写真のクリッピングマスクの枠の左辺を16pt内側に移動し 04 、同様に右の写真は枠の右辺を16pt内側に移動します 05 。

03

04

05

03 ［選択ツール］でクリッピングマスクを使用した写真を選択し、［オブジェクトメニュー→クリッピングマスク→オブジェクトを編集］で写真の位置と大きさを調整し、変更したクリッピングマスクの枠に合わせます 06 。

06

MEMO

クリッピングマスクをした状態でも、［ダイレクト選択ツール］で写真だけ選択して移動できます。写真を選択したまま⌘キーを押すとバウンディングボックスが表示されるので、さらにshiftキーを押しながらハンドルをドラッグすると、縦横比を保ちながら拡大縮小できます。

文字を立体的な袋文字に加工する

04 文字は［書式メニュー→アウトラインを作成］でアウトライン化します。［線］は［塗り］と同じカラー（#67391B）にし、プロパティパネルのアピアランスで［線幅：2pt］にします 07 。さらに［線］をクリックして線のパネルを表示し、［線の位置：線を外側に揃える］に設定します 08 09 。これをいったんコピー（⌘+C）しておいてから、5pt下に移動し、文字の影部分にします 10 。

アウトライン化した文字の線を設定

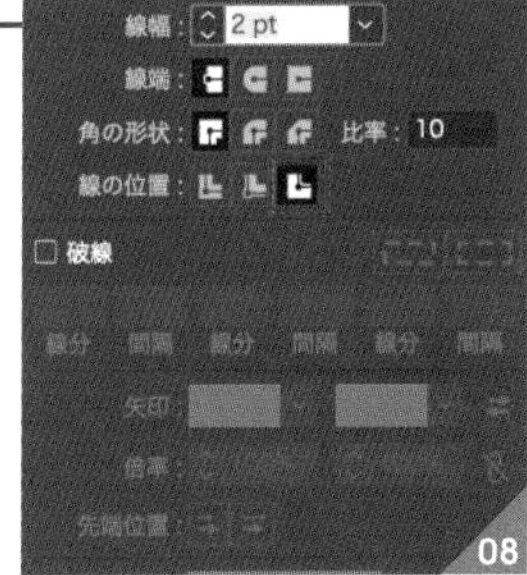

MEMO

文字はアウトライン化しないと［線を外側に揃える］にすることができません。

コピーしてから下に5pt移動

05 手順04でコピーした文字を［編集メニュー→前面へペースト］（⌘+F）でペーストします。
前面へペーストした文字の［塗り］を「#FFFFFF」（白）に設定し 11 、袋文字を作成します 12 。作成した袋文字と手順04の影文字を選択し、［オブジェクトメニュー→グループ］でグループ化しておきます。

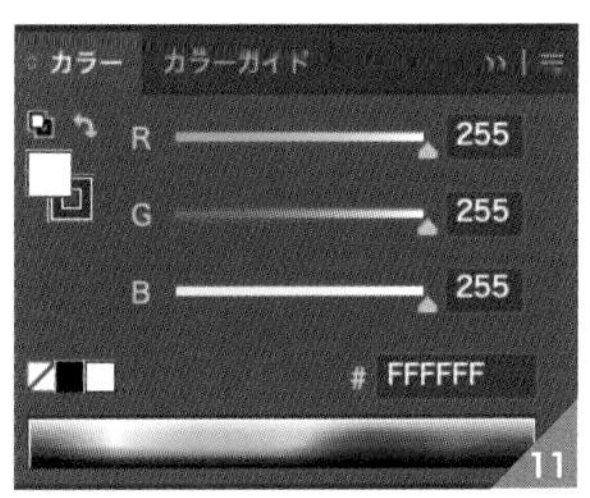

07

文字をアーチ状に変形する

06 手順05でグループ化した袋文字を選択し、[効果メニュー→ワープ→アーチ]を選択します。「ワープオプション」ダイアログで[プレビュー]にチェックを入れて、湾曲具合を確認しながらカーブの数値(%)を決めて[OK]をクリックします。ここでは[水平方向]、[カーブ:8%]のアーチ状に変形しました 13 14 。

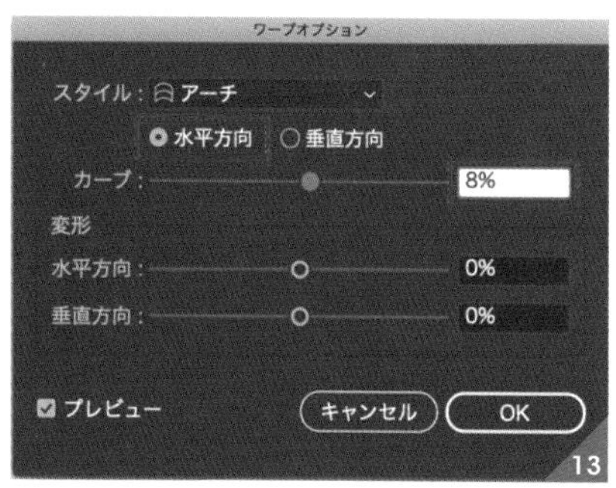

13

14

07 文字の左右が写真の少し内側に収まるようにしたいので、[オブジェクトメニュー→変形→拡大・縮小]を選択し、「拡大・縮小」ダイアログで[縦横比を固定:97%]で縮小します 15 。さらに5pt下に移動します 16 。

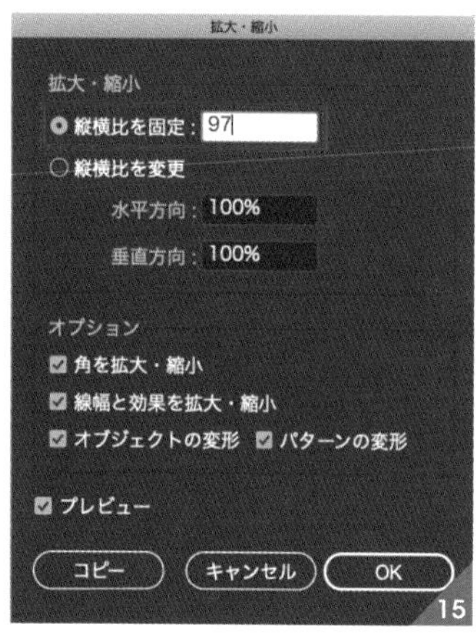

15

16

08 大きさと配置を整えて、最後に［オブジェクトメニュー→アピアランスを分割］でパス化して 17 、完成です 18 。

17

18

SIZE VARIATION

サイズバリエーション

banner 320×600 px

レイアウトによっては写真の点数を増やし、タイトルにアーチは使用せず、影の位置も変更する

banner 320×100 px

横位置も写真を増やし、タイトルは字間を広げ、バランスよくタイトルと写真を配置する

08 背景写真に白抜き文字とフレームをレイアウトする

所要時間

10分

使用アプリケーション

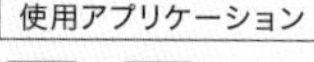

制作・文　高野 徹

写真を背景として使い、上に文字を白抜きでレイアウトする定番の手法です。正方形のフレームと破線の装飾などでデザインにアクセントを加えましょう。写真のコントラストが高い場合は文字が読みにくくなるので、その場合は作例のように写真をすこし暗くするとよいでしょう。

POINT1

写真を背景全面に拡大する

POINT2

写真の上にライトグレーの長方形を乗算で重ねる

POINT3

フレームとタイトルを破線で装飾する

背景の写真を調整する

01 バナーの元データを開きます。[ダイレクト選択ツール]でパンの写真のトリミングエリアの長方形の下辺のパスをshiftキーを押しながら垂直にドラッグすることで、トリミングエリアをアートボードいっぱいに広げます。
[ダイレクト選択ツール]で背景写真を選択してから、[選択ツール]を選び画像のバウンティングボックス(表示されていない場合は、[表示メニュー→バウンティングボックスを表示]を選択)のコーナーをshift+ドラッグすることで、画像の大きさを拡大し、[選択ツール]で画像を移動して位置を調整します 01 。

02 写真の上に色を重ねて、白抜き文字が見やすくなるようにします。[グループ選択ツール]でトリミングエリアの長方形のパスを選択し、⌘+Cキー、⌘+Fキーで前面に複製します。カラーパネルで[塗り:R200/G200/B200](ライトグレー)、透明パネルで[描画モード:乗算]に設定します 02 。

文字とフレームを調整する

03 テキストをすべて選択し、[塗り:白]に設定します。文字の配置を 03 のようにセンター揃えにして、レイアウトを変更します。

04 ［長方形ツール］を選び、オプションバーで［塗り：なし］、［線：白］、［線幅：10pt］に設定します。アートボードの中心からoption＋shift＋ドラッグして、テキストのフレームとなる正方形を描画します 04 。

04

MEMO

アートボードの中心を見つける際には、スマートガイド（［表示メニュー→スマートガイド］にチェック）を使いましょう。

05 線パネルで［破線］を選択し、［線分：800px／間隔：10px／線分：10px／間隔：10px］に設定して、［コーナーやパス先端に破線の先端を整列］をオンにしてフレームを装飾をします 05 06 。

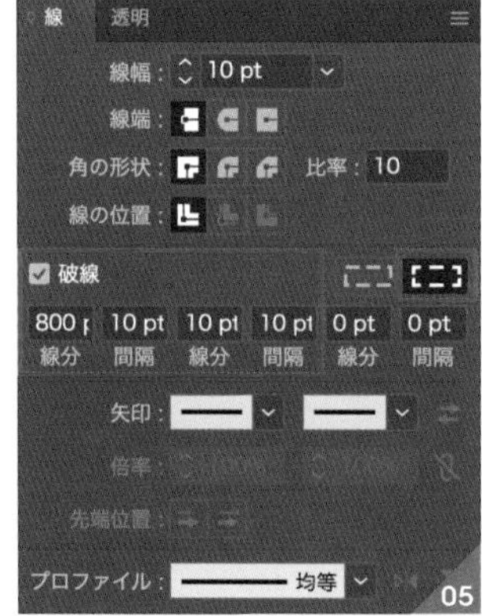

05

06

06 「PAN MARCHE」のテキストを選択し、オプションバーで［塗り：なし］、［線：白］、［線幅：4pt］に設定します。線パネルで［角の形状：ラウンド結合］にしてから破線を選択し、［線分：150px／間隔：8px］、［線分と間隔の正確な長さを保持］に設定することでタイトルを破線の袋文字にします 07 08 。

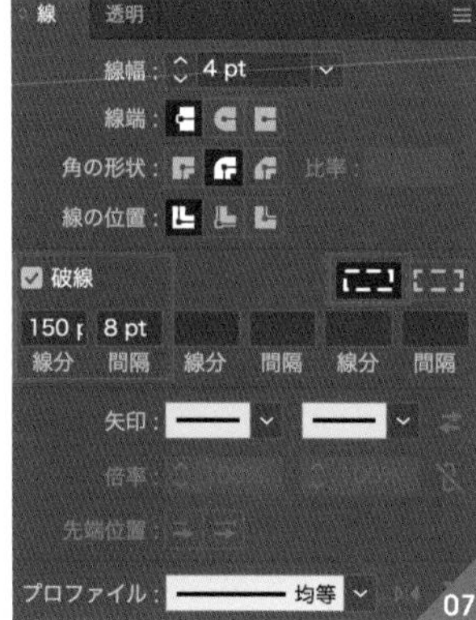

07

08

07 フレームのサイドを装飾する文字を配置します。「PAN MARCHE」の文字をoption＋ドラッグしてフレームの右に複製し、[塗り：白]、[線：なし]にします。
文字パネルで[フォントサイズ：40pt]に縮小し[書式メニュー→組み方向→縦組み]を適用します 09 10 。この文字をフレームの左に複製し、[文字ツール]で日付の英文に打ち変えれば完成です 11 。

09

10

11

SIZE VARIATION

サイズバリエーション

banner 320×600 px

縦長に展開するときは、フレームも縦長にして文字をバランスをよく配置しよう

banner 320×100 px

横長に展開する際は、タイトルを一列にするなど文字要素をコンパクトにまとめよう

09 袋文字と光彩で文字を目立たせる

所要時間

15分

使用アプリケーション

制作・文　コネクリ

袋文字はデザインシーンによって合う・合わないがありますが、文字が背景に沈まないようにしたい場合や文字に個性をもたせたい場合に非常に有効な手法です。文字を2重の境界線で囲むことで袋文字にし、さらに周囲に光彩を加えて輝きを演出することで目立たせます。

POINT1

グラデーションで文字を着色する

POINT2

境界線を重ねて袋文字を作成する

POINT3

グループにレイヤースタイルを適用する

袋文字を作成する

01 加工前のバナー 01 では、人物とラインのレイヤーをまとめたグループを「photo」とし、文字情報を「OUT」、「NOW」、「WORLDWIDE」の3つのテキストレイヤーでそれぞれ配置しています 02 。

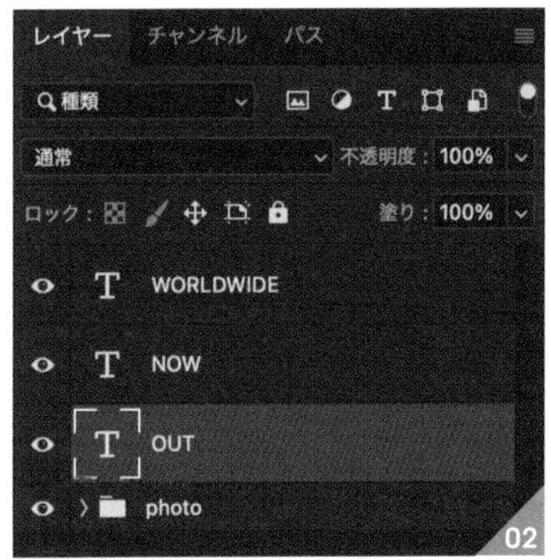

02 レイヤースタイルを適用して袋文字を作成します。レイヤーパネルで「OUT」レイヤーを選択し、下部の［レイヤースタイルを追加］から［グラデーションオーバーレイ］を選択します 03 。「レイヤースタイル」ダイアログを 04 のように設定します 05 。

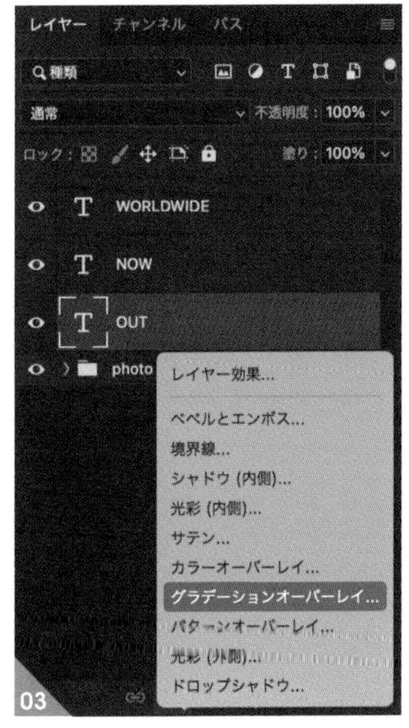

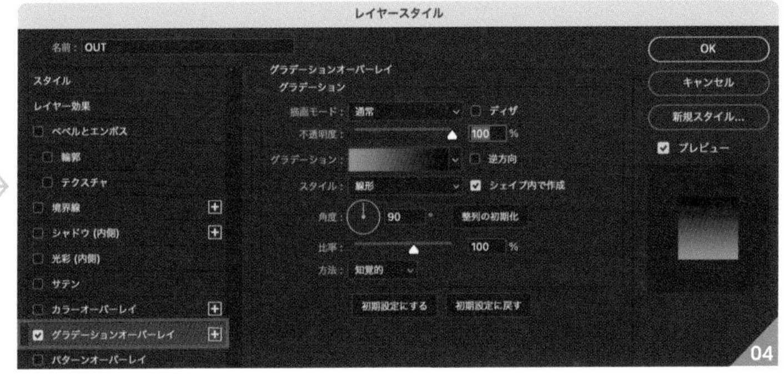

グラデーションの分岐点の設定
［位置：0%／カラー：#0ea8ae／不透明度：100%］
［位置：100%／カラー：#032122／不透明度：100%］

03 「レイヤースタイル」ダイアログの左側から［境界線］を選択し、06 のように設定します 07 。

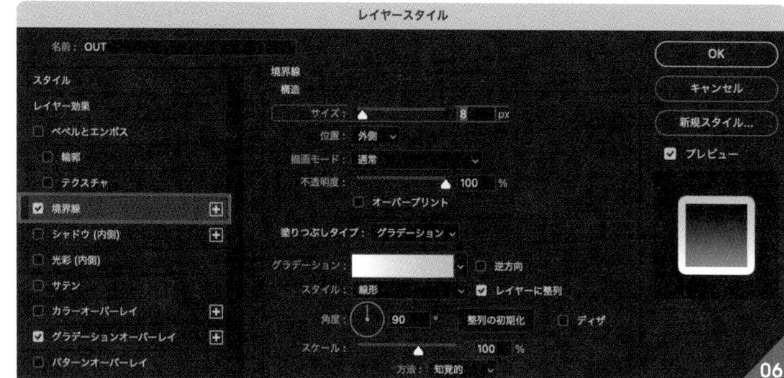

グラデーションの分岐点の設定
［位置：0%／カラー：#ffffff／不透明度：100%］
［位置：100%／カラー：#00f6ff／不透明度：100%］

04 続けて境界線をもう1つ追加します。「レイヤースタイル」ダイアログの左側の［境界線］横の［＋］を選択して複製し、下の［境界線］を 08 のように設定します 09 。

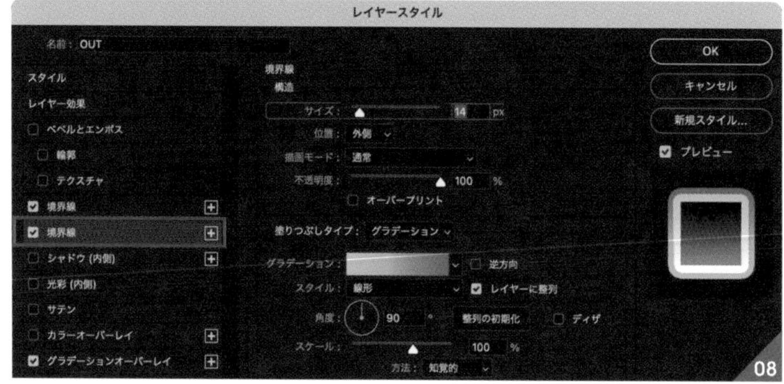

グラデーションの分岐点の設定
［位置：0%／カラー：#00f6ff／不透明度：100%］
［位置：100%／カラー：#05878b／不透明度：100%］

レイヤースタイルをコピーする

05 「NOW」にレイヤースタイルをコピーしましょう。
レイヤーパネルで「OUT」レイヤーの「効果」をoptionキーを押しながら「NOW」レイヤーにドラッグします 10 11。

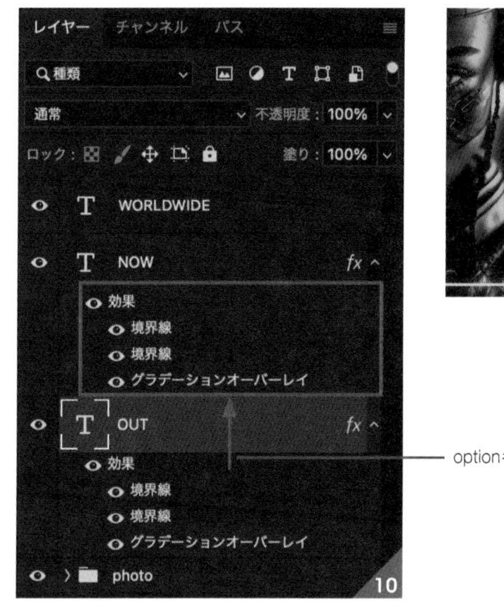

10

optionキーを押しながらドラッグ

11

レイヤースタイルを調整する

06 「WORLDWIDE」も同様に袋文字にしますが「OUT」、「NOW」と差をつけるためにレイヤースタイルを調整します。調整はベースの暗いグラデーションと境界線の明るいグラデーションを逆にするイメージです。
まず、レイヤーパネルで「WORLDWIDE」レイヤーにも手順05と同様の方法で「NOW」レイヤーの効果をコピーします 12 13。

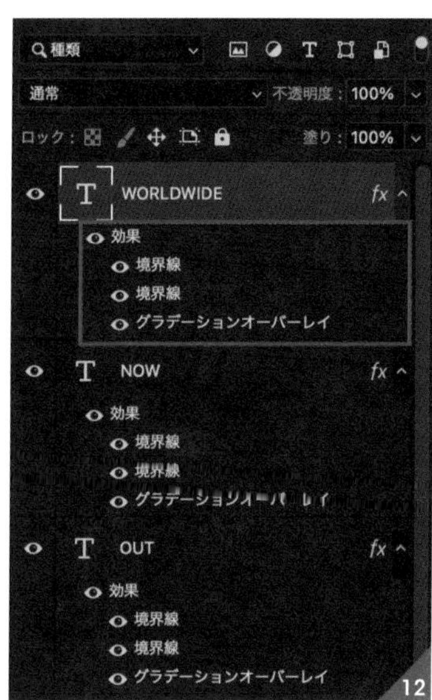

12

13

CHAPTER 1 CHAPTER 2 CHAPTER 3 CHAPTER 4 CHAPTER 5

07 「WORLDWIDE」レイヤーの「効果」をダブルクリックし、「レイヤースタイル」ダイアログの左側で上の［境界線］を選択、14のようにグラデーションの色を調整して文字のカラーを変更します15。

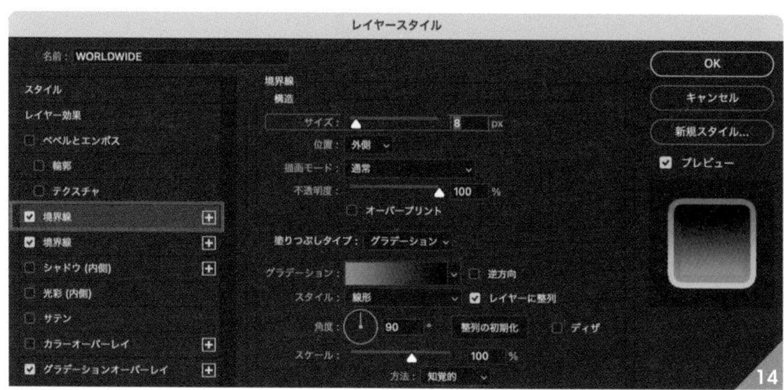

グラデーションの分岐点の設定
［位置：0%／カラー：#0ea8ae／不透明度：100%］
［位置：100%／カラー：#032122／不透明度：100%］

08 続けて「レイヤースタイル」ダイアログの左側で［グラデーションオーバーレイ］を選択し、16のようにグラデーションの色を調整します17。

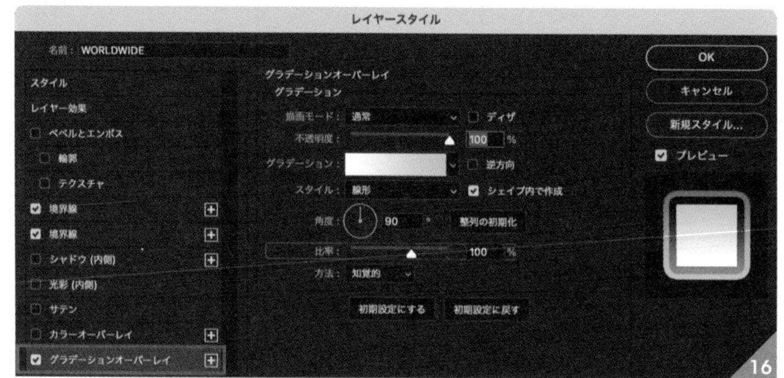

グラデーションの分岐点の設定
［位置：0%／カラー：#ffffff／不透明度：100%］
［位置：100%／カラー：#00f6ff／不透明度：100%］

文字に光彩を加える

09 文字全体に光彩を加えます。まず、3つのテキストレイヤーをグループ化しましょう。レイヤーパネルで「OUT」「NOW」「WORLDWIDE」の3つのテキストレイヤーを選択し、⌘+Gキーでグループ化して、グループ名を「txt」とします。レイヤーパネル下部の［レイヤースタイルを追加］から［ドロップシャドウ］を選択 18、19 のように設定します。これで完成です 20。

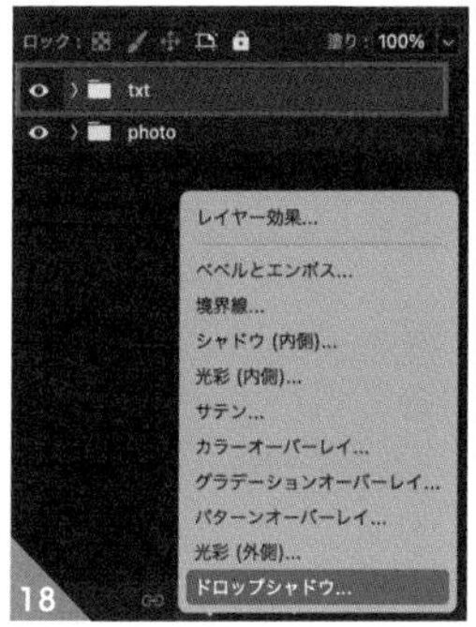

18

カラー：#00f6ff

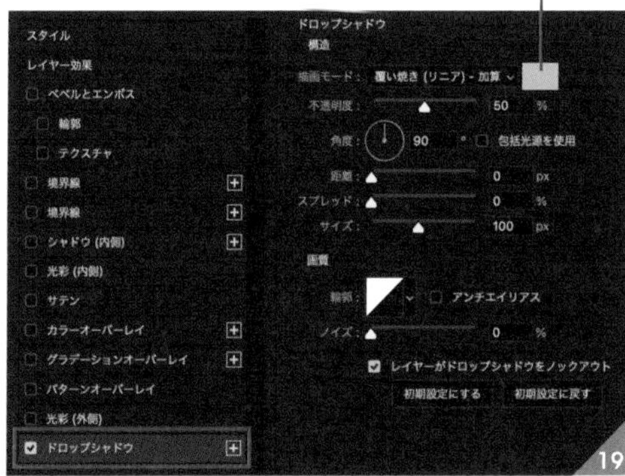

19

20

SIZE VARIATION

サイズバリエーション

banner 320×600 px

縦位置に展開するときは、文字の配置を組み替えてもよい。罫線や写真のトリミングも調整しよう

banner 320×100 px

ミニバナーに展開する際は、文字量によっては写真と重ねたり、写真を削除してもよいだろう

10 文字と画像を一体化させて インパクトのある雰囲気を作る

After

写真も文字も両方の
インパクトを大事にしたい

Before

所要時間

10分

使用アプリケーション

制作・文 mito

写真も文字も両方のインパクトを出したいときは、2分割レイアウトが有効です。今回は、2分割レイアウトでエリアが分かれていてもストーリーとして繋がって見えるように、文字は画像でくり抜きましょう。

POINT1

［長方形選択ツール］でカンバス半分を選択し、画像半分をマスキング

POINT2

コピーした画像の下に文字を入力し、クリッピングマスクでくり抜く

POINT3

スマートフィルターを使い、全体の色味が馴染むように調整

画像を配置する

01 カンバスを作成し（ここでは1280×1000px）、画像「forest.jpg」をドラッグ&ドロップでカンバス上に配置します **01**。次に、画像がカンバスサイズより大きくなるように調整します。画像を選択してバウンディングボックスが表示された状態で、オプションバーでW（横）とH（縦）を同じ比率で拡大します。調整が完了したら、下部のコンテキストタスクバーの確定ボタンをクリックします **02**。

01

02

リンクマークをクリックすると縦横比固定のまま拡大／縮小ができる

数値変更が終了したら、コンテキストタスクバーの確定ボタンをクリックする

MEMO

コンテキストタスクバーはPhotoshop 24.5に搭載された機能です。以前のバージョンをご利用の場合はオプションバーの確定ボタン、またはenterキーを押します。

04

02 ガイドを引きます。[表示メニュー→ガイド→新規ガイドレイアウト]を選択し、列の数を「2」とします **03** **04**。次に、画像レイヤーを選択し、右クリックで[レイヤーを複製]を選択してレイヤーを複製します **05**。

03

05

文字を入力してクリッピングマスクでくり抜く

03 レイヤーパネルで、一番上の画像レイヤーの目のマークをクリックし非表示にします。ツールパネルから［横書き文字ツール］を選択し、「NEW OPEN」と入力します 06 07 。ここでは「Bodoni 72」というフォントを使用しています。

06

07

04 文字の下にある画像レイヤーを選択した状態で、［長方形選択ツール］でガイドに沿って、右半分を選択します 08 。レイヤーパネルの下部の［レイヤーマスクを追加］をクリックし、マスクを作成します 09 。さらに、非表示にしていた画像レイヤーを表示させます 10 。一番上のレイヤーを選択した状態で右クリックで［クリッピングマスクを作成］を選択します 11 。

09

10

08

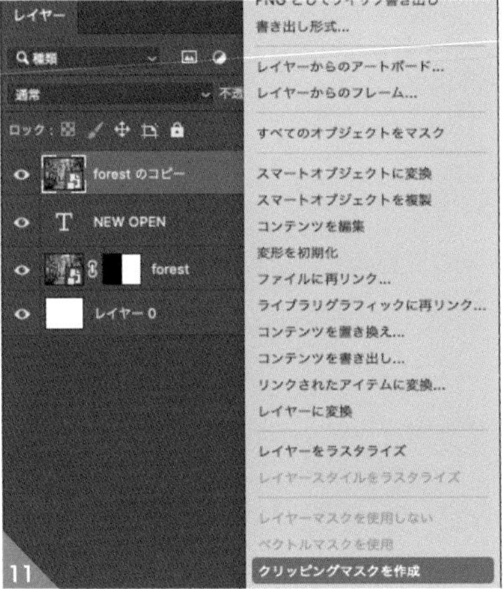

11

選択していたレイヤーが、下のテキストレイヤーの文字で切り抜かれます 12 。

12

背景色、文字の配置、色味を調整する

05 背景の色を変更します。レイヤーパネルで最下部のレイヤー「レイヤー0」を選択し 13 、レイヤー右側をダブルクリックして「レイヤースタイル」ダイアログを表示します。左の項目から［カラーオーバーレイ］にチェックを入れ、カラーを「#e6ffb4」に設定します 14 15 。

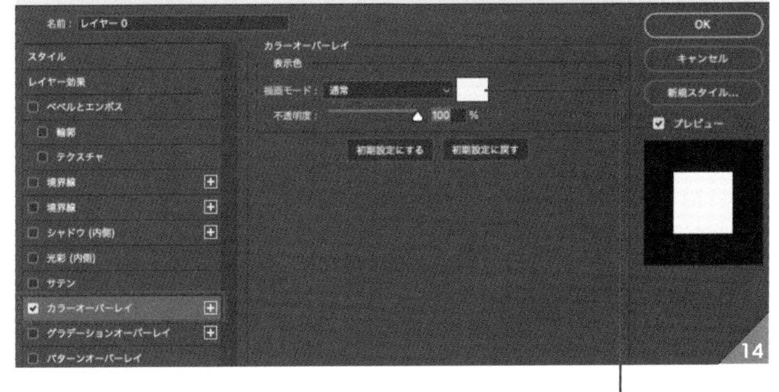

14

カラーは「#e6ffb4」

13

「レイヤー0」ではなく「背景」と表示されている場合は、右側の鍵アイコンをクリックすると「レイヤー0」に変わる

15

06

［横書き文字ツール］で日付の「2023.08.01」を追加し、「NEW」と「OPEN」の間にくるように配置します 16 。
レイヤーパネルで2つのテキストを選択し、⌘＋Tキーでバウンディングボックスを表示して、角の部分で矢印を表示させて傾けます 17 18 。
写真側にも「camp site」のテキストを追加し、同じ手順で傾けます 19 。

フォント：DIN 2014 Light Italic
サイズ：70px
カラー：#606b4b

フォント：Oooh Baby
サイズ：70px
カラー：#fcfd32

07

⌘＋shift＋option＋Eキーを押して、すべてのレイヤーを統合した新しいレイヤーを作成します 20 。

すべてのレイヤーを統合して作成した新しいレイヤー

08 手順07で作成したレイヤーを選択した状態で、[フィルターメニュー→Camera Rawフィルター]を選択します。
ウィンドウ右側のパネル上で数値を変更し、色味を調整して完成です 21 22 。

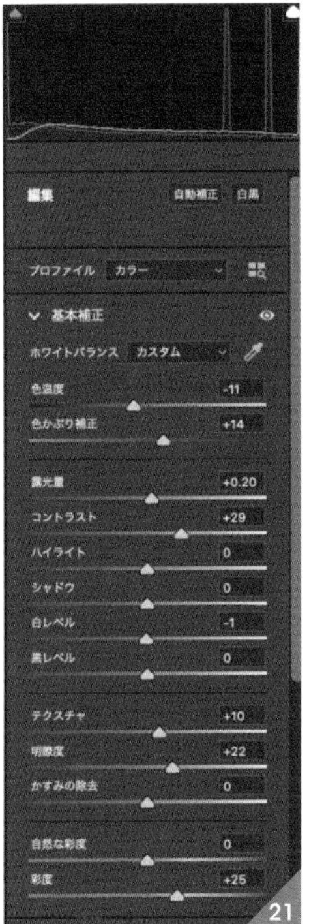

Camera Rawフィルターでコントラストや彩度などを調整

11 テンプレート化して使えるイベント、インタビュー記事のバナーデザイン

DXへの道 シリーズ連載 #1

成功するDXとは？

DXの成功と失敗。
そこから学べること

人物の服の色と文字の色のバランスを考える

DXへの道 シリーズ連載 #1

成功するDXとは？

DXの成功と失敗。
そこから学べること

所要時間

15分

使用アプリケーション

制作・文 mito

人物をモノクロにします。白黒レイヤーを追加し、色味ごとに微調整していきましょう。人物を切り抜いた影を背後に入れることで人物を強調します。全体的に色を合わせ、人物をモノクロにすることで、文字やオブジェクトの色を変えてテンプレート化して使用することができます。

POINT1

人物をモノクロにする際、白黒レイヤーを追加し、色味を微調整する

POINT2

人物を切り抜いた影を入れることで、人物を強調する

POINT3

DXへの道 シリーズ連載 #1

成功するDXとは？

DXの成功と失敗。
そこから学べること

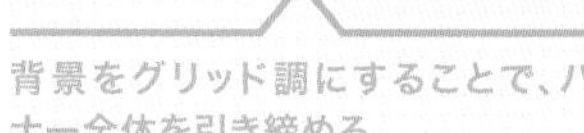

背景をグリッド調にすることで、バナー全体を引き締める

写真を切り抜いて加工する

01 人物の画像「human.jpg」をPhotoshopで開きます。レイヤーパネルでレイヤーの右の鍵マークをクリックし、「背景」レイヤーから「レイヤー0」に変更します 01 。ツールパネルの［オブジェクト選択ツール］を選択し、人物をドラッグして選択します 02 。上部のオプションバーの［選択とマスク］をクリックし 03 、はみ出ている部分などの微調整を行います。［OK］をクリックし、元の画面に戻ったら、レイヤーパネル下部の［レイヤーマスクを追加］をクリックしてマスクを作成します 04 。コンテキストタスクバーの［選択範囲からマスクを作成］をクリックしてもOKです 05 。

［オブジェクトファインダー］をチェックして、カラーオーバーレイで選択範囲を表示している

コンテキストタスクバー

02 レイヤーパネルの右下の［塗りつぶしまたは調整レイヤーを新規作成］から［白黒］を選択し 06 、白黒レイヤーを追加します 07 。

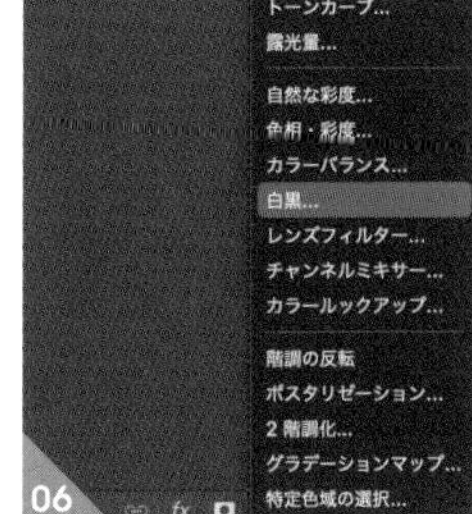

03 プロパティパネルで 08 のように、カラーごとに色味を調整します 09 。
調整が完了したら、psd形式で保存しましょう（作例では、「human.psd」としています）。

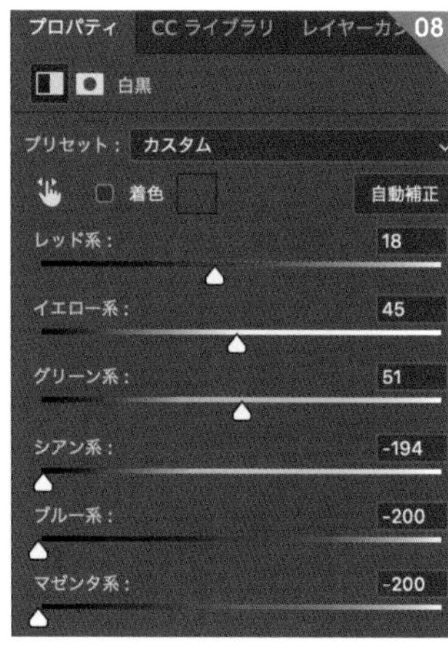

白黒にする際の色味を調整

画像を配置して、影を加工する

04 Photoshopでバナー制作用に新規ファイルを作成し、そこに手順03で作成したpsdファイルをドラッグ＆ドロップで配置します 10 。そのレイヤーをコピーし、同じレイヤーをもう1つ作成します。コピーしたレイヤーをダブルクリックし、［レイヤースタイル］の［カラーオーバーレイ］でカラーを「#4e573d」に設定します 11 。レイヤーを下に移動し 12 、人物の影になるように配置を調整します 13 。

カラーを「#4e573d」にする

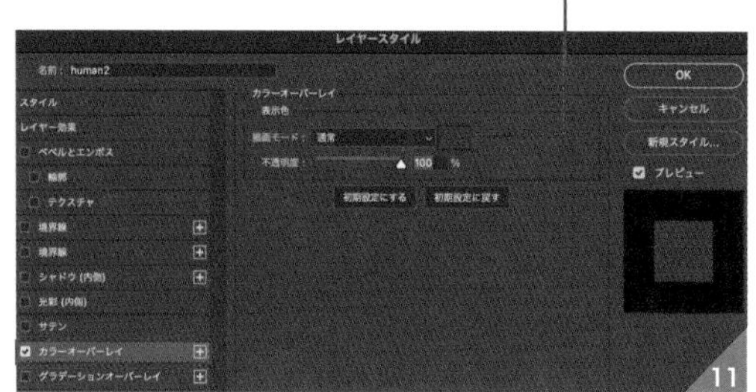

影の位置を調整

テキストと図形を配置する

05 タイトル文字「DXの成功と失敗。そこから学べること」を配置しましょう。
［横書き文字ツール］でテキストを入力し、カラーは人物の影と同じ色の「#4e573d」とします。レイヤーパネルでテキストレイヤーの右側をダブルクリックして「レイヤースタイル」ダイアログを表示します。［境界線］で［サイズ：15px］、［位置：外側］、［塗りつぶしタイプ：カラー］、［カラー：#ffffff（白）］を設定します 14 。
続いて［ドロップシャドウ］を設定します。［描画モード：通常］、［カラー：#4e573d］、［角度：90°］、［包括光源：オン］、［距離：32px］、［スプレッド：8px］、［サイズ：43px］とします 15 16 。

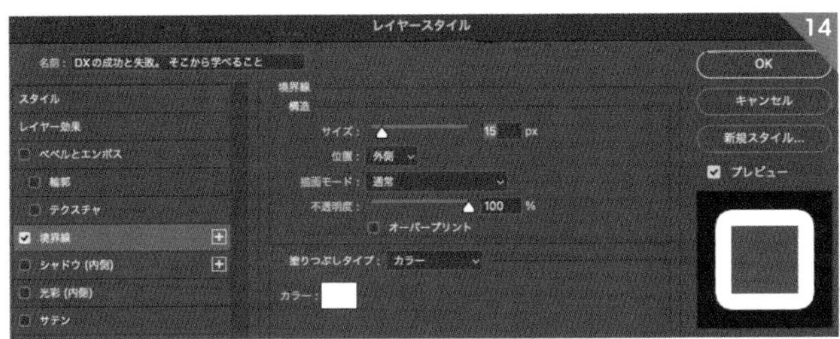

［境界線］の設定

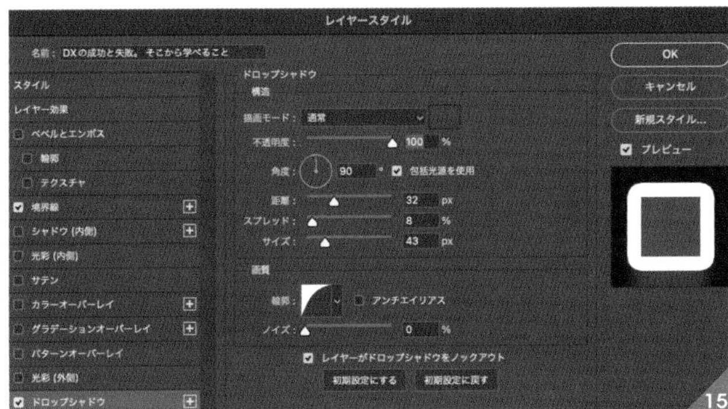

［ドロップシャドウ］の設定

フォント：ヒラギノ角ゴシック W8
サイズ：137px　行送り：183px
トラッキング：-40

06 05と同様の手順で、[横書き文字ツール]でサブタイトル「成功するDXとは？」と入力し、カラーは「#ffffff」(白)とします。レイヤースタイルを設定します。こちらは[境界線]を[サイズ：10px]、[位置：外側]、[塗りつぶしタイプ：カラー]、[カラー：#4e573d]と設定します 17 。続けて[ドロップシャドウ]を設定します。[描画モード：通常]、[カラー：#4e573d]、[角度：90°]、[包括光源：オン]、[距離：13px]、[スプレッド：8px]、[サイズ：18px]とします 18 19 。

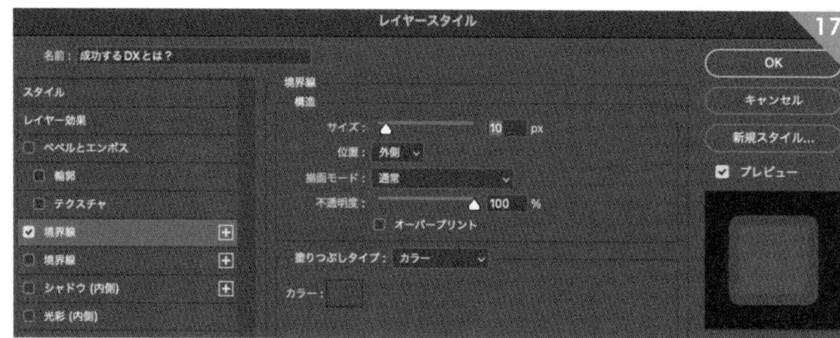

[境界線]の設定

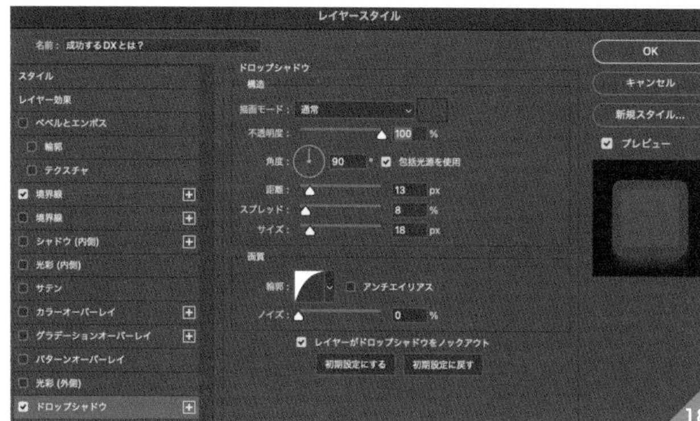

[ドロップシャドウ]の設定

成功するDXとは？

19

フォント：ヒラギノ角ゴ ProN W6
サイズ：70px
トラッキング：-40

07 左上の「DXへの道...」は、[横書き文字ツール]でテキスト(カラーは「#ffffff」)を入力後、[長方形ツール]で作成した[塗り：#4e573d]、[線：なし]の長方形の内側に配置します 20 。

DXへの道 シリーズ連載 #1

20

▼日本語
フォント：ヒラギノ角ゴ W6
サイズ：40px
トラッキング：-40

▼数字と記号
フォント：DIN 2014 Demi Italic
サイズ：75px
トラッキング：-40

Illustratorで背景のグリッドパターンを作成し、配置する

08 Illustratorを開き、横1280px、縦1000pxのアートボードを作成します。

［長方形ツール］でアートボードと同じ大きさの長方形を作成し、スウォッチパネル左下のスウォッチライブラリメニューから、［パターン→ベーシック→ベーシック_ライン］を選択します。［グリッド 0.5インチ（線）］をクリックし 21 、長方形にパターンを反映させます 22 。

上部のコントロールパネルの［オブジェクトを再配色］をクリックし 23 、表示されるウィンドウの［詳細オプション］をクリックしてカラーの変更を行います。「オブジェクトを再配色」ダイアログの［配色オプション］をクリックし、［保持］にあるホワイト、ブラック、グレーのチェックを外し、［OK］をクリックします 24 。「オブジェクトを再配色」ダイアログに戻り、下部のカラーをクリックし、カラーコードを「#91a272」に変更します 25 。最後にaiファイルとして保存します（作例ではファイル名は「grid-bg.ai」としています）。

長方形にグリッドのパターンを作成

［オブジェクトを再配色］

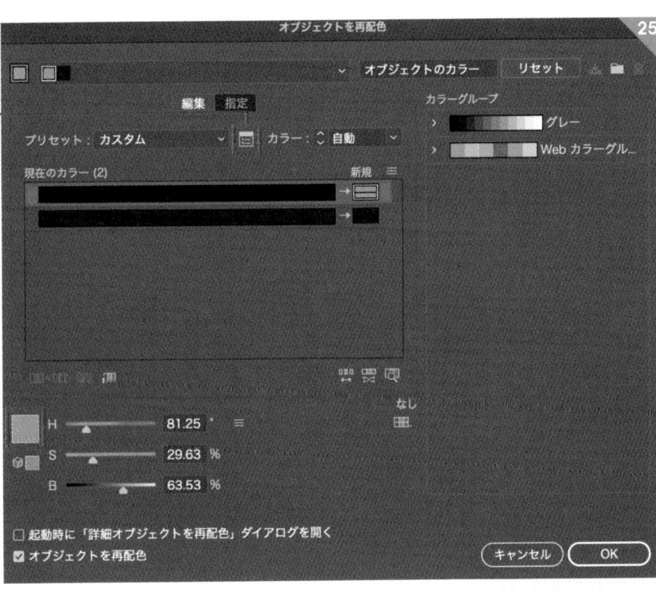

MEMO

コントロールパネルが表示されていない場合は［ウィンドウメニュー→コントロール］を選択します。

09 Photoshopに戻り、手順08で作成したグリッドの背景をドラッグ&ドロップでレイヤーに追加して完成です 26 。

26

CHAPTER

4

イメージ別のアイデア

01 IT系のシャープなイメージを演出する

所要時間

15分

使用アプリケーション

制作・文　久川裕右

切り抜いた人物と背景の画像を配置し、シャープな印象を与えるデザイン素材も配置します。テキストの見せ方にもひと工夫を加えましょう。IT系のシャープなイメージを演出するデザインパーツを効果的に配置し、テキストなどの細部にもデザインを施すことでデザイン性を高めます。

POINT1

切り抜いた人物写真と背景画像を組み合わせる

POINT2

シャープなイメージを演出するデザインパーツを配置する

POINT3

テキストの見せ方にも工夫してよりデザイン性を高める

人物を切り抜いて、背景画像に配置する

01 はじめに使用する人物画像を切り抜きます。[選択範囲メニュー→被写体を選択]で人物の選択範囲が作成されます 01 。さらに選択範囲の調整を行ないましょう。[選択範囲メニュー→選択とマスク]を選択し、「選択とマスク」ワークスペースで選択範囲を調整します 02 。今回は[髪の毛を調整]で選択範囲を整えます。調整が完了したら[OK]をクリックし、選択範囲が点滅している状態でレイヤーパネル下部の[レイヤーマスクを追加]ボタンでレイヤーマスクを作成して、人物画像の切り抜きの完了です 03 。

[被写体を選択]で作成された選択範囲

切り抜かれた人物画像

02 次に背景に配置するビルのエントランスの写真(バナーサイズと同サイズに調整済み)を開き 04 、[レベル補正]調整レイヤーで明るさをやや暗めに調整します 05 。さらに[色相・彩度]調整レイヤーで[色彩の統一]チェックボックスにチェックを入れ、[色相:215]、[彩度:50]に調整し 06 、背景のエントランス写真の準備が完了です 07 。

元の画像

補正後

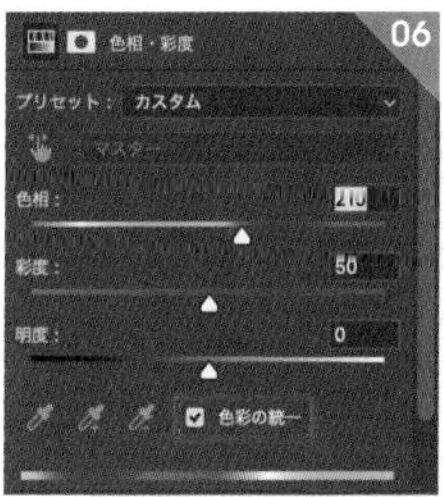

03 手順02で作成した背景に、手順01で切り抜いた人物画像を、後にテキストを配置することを考慮して、右端にレイアウトします。
さらに立体感を出すために、人物画像のレイヤーに「レイヤースタイル」ダイアログの［ドロップシャドウ］で 08 のように設定して影をつけます。これでベースとなる画像の準備の完了です 09 。

09

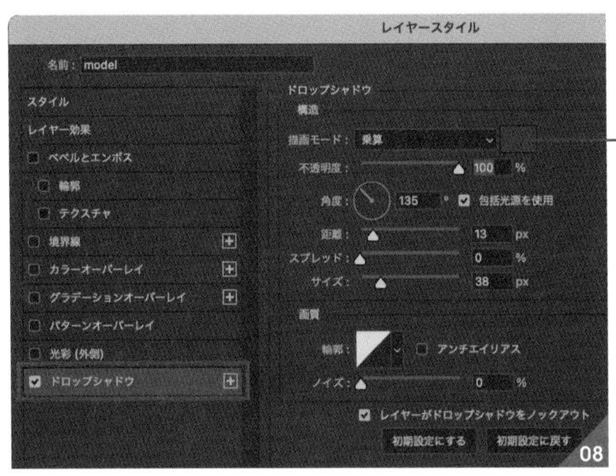
08

ドロップシャドウのカラー：#5c5959

デザインパーツを配置する

04 よりデザイン性を加えるために背景にデザインパーツを配置していきます。
まず［長方形ツール］で作成した長方形に［アンカーポイントの削除ツール］で右下のアンカーポイントを削除し三角形にします。
「レイヤースタイル」ダイアログの［グラデーションオーバーレイ］で［グラデーション］をクリックし、「グラデーションエディター」ダイアログのプリセット内の［ブルー］から［青_22］を選択します 10 。さらに［角度：-90°］に設定します 11 。

MEMO
［三角形ツール］で三角形を作成することもできますが、今回の形状の場合、［長方形ツール］を使ったほうが調整が簡単です。

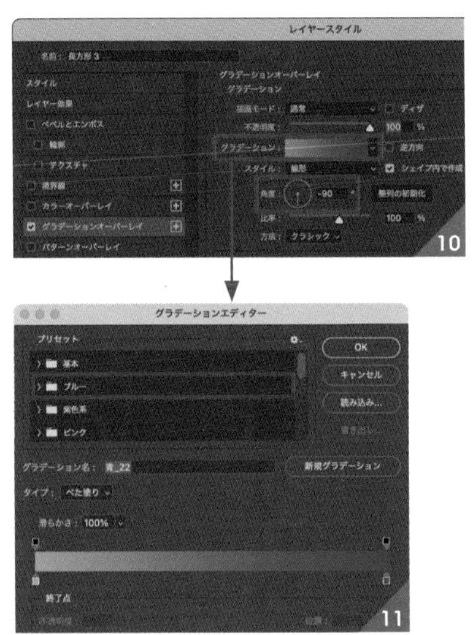
10
11

05 手順04で作成した三角形を左上部にレイアウトします 12 。三角形のレイヤーを複製し、右下部の人物の背景にも配置します 13 。

12

13

06 左上部の三角形をもう一度複製し、[グラデーションオーバーレイ]は解除し、塗りを「#657fff」に調整します。レイヤーパネルで[描画モード:覆い焼きカラー]、[不透明度:35%]にして、三角形を重ねます。さらに[パス選択ツール]で三角形の形を調整し、程よくズレ感を演出します。
同様の作業を右下部の三角形にも施すことで、背景のデザイン性を高めます 14 。

14

07 さらにIllustratorで作成したベクターデータの素材 15 をコピーし、[スマートオブジェクト]としてペーストします 16 。
レイヤーパネルで[不透明度:54%]に調整した上で、[レイヤーマスクを追加]ボタンをクリックし、レイヤーマスクを[グラデーションツール]で描画して馴染ませます。
右下の三角形にも同様の作業をすることで、背景のイメージをシャープに演出することに成功です 17 。

15

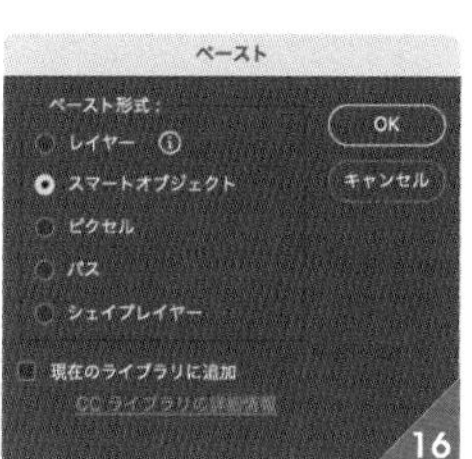

16

17

テキストデータを配置する

08 テキストデータを配置していきます。英語のタイトル文字を配置し、両サイドに［ラインツール］で括弧の要素を配置し、少しデザインを加えます 18 。

18

09 英語のタイトルの下部に、日本語のコピーも配置します 19 。［長方形ツール］で［塗り：1c2b94］の長方形を作成してザブトンの要素を加え、可読性を高めつつデザイン性も高めます 20 。
ここでポイントなのが、ザブトンの要素を人物画像の後方に見えるよう、レイヤーの順番を調整することです 21 。この微調整によってデザイン性をさらに高める効果が生まれます。

19

21

20

10 さらに日程のテキストデータや、名前の表記、ロゴのパーツなどをバランスよく配置します。名前の表記は日本語のコピーと同様、ザブトンの要素（塗り：#4659a6）を加えて、可読性とデザイン性を高めます 22 。

22

11 最後にIllustratorで作成したベクターデータのデザインパーツ 23 24 を白にして、[スマートオブジェクト]としてペーストし、空いたスペースに目立ちすぎない大きさに調整してレイアウトします。これでIT系のシャープなイメージを演出するデザインの完成です 25 。

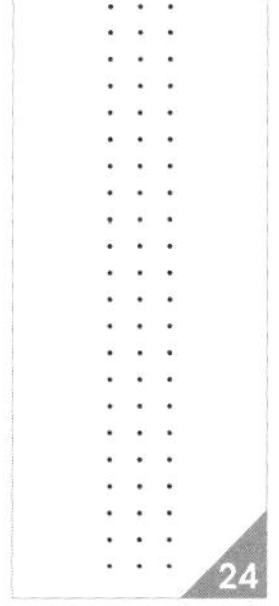
23
24

25

02 落ち着いた大人のエレガントなイメージを表現する

所要時間

15分

使用アプリケーション

制作・文　遊佐一弥

コスメ、アパレル、ジュエリーなど落ち着いた雰囲気を演出する必要のある場面では、画面内の光をコントロールすることでエレガントさや上品なイメージを作り出すことができます。複数のグラデーションを組み合わせることがポイントです。

POINT1

文字に光彩効果をかけてやわらかい光のイメージを

POINT2

周囲に軽くグラデーションの入った枠を作ってスッキリと

POINT3

グラデーションを複数組み合わせて使えばリッチな仕上がりに

書体の変更と文字への光彩

01 元のバナーでは、画像レイヤーの上に文字レイヤーが並んでいます 01 。「New」の書体を［フォント：Bickham Script］、［フォントサイズ：180pt］に変更して少し傾けて印象を変え 02 、囲み円形罫の代わりに短い区切り線に変えました 03 。

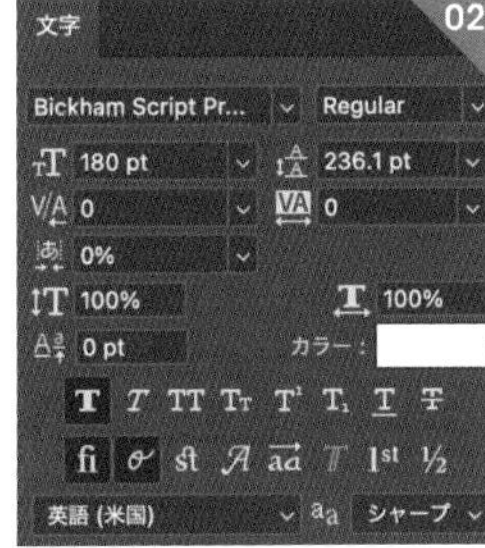

02

03

01

02 「Private Beauty Salon」には［境界線］のレイヤー効果を追加し 04 、さらに［光彩（外側）］も適用します 05 06 。

06

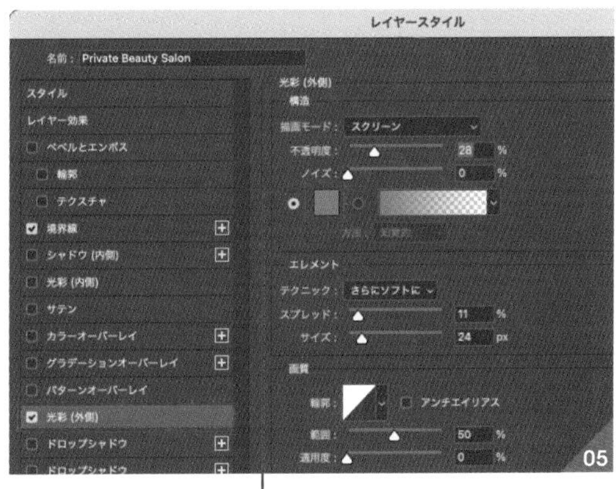

05

R84／G71／B71

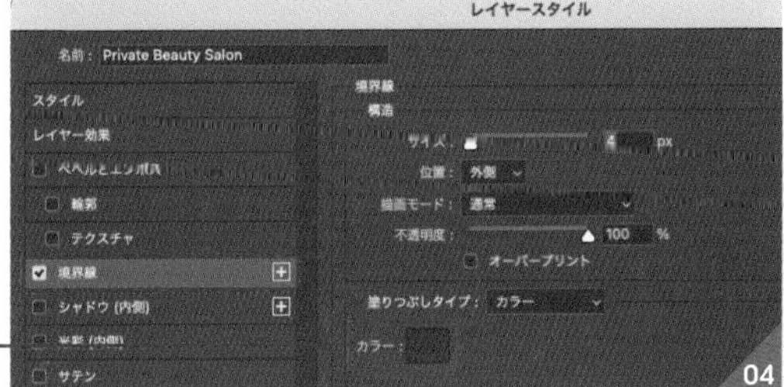

04

R135／G135／B114

02

グラデーションの枠の作成

03 「New」と「新発売」を左上に移動します。次に枠となる部分にガイドを設定していきます。まずは［表示メニュー→表示→定規］を表示状態にしておきます。このとき［スナップ］にもチェックを入れておきます 07 。情報パネルも［ウィンドウメニュー→情報］で表示しておきましょう。

07

04 上下左右にそれぞれ120pxの位置にガイドを引いていきます。まずは定規からドラッグして上下左右それぞれ端の位置にガイドを配置します 08 。
［表示メニュー→スナップ］にチェックを入れておくと、画像の端（0の位置など）に吸着してくれます。

08

05 ［移動ツール］に切り替えて、端に置いたガイドを移動します。情報パネルを見ると、移動している数字が見えるので「120」になる位置で手を離します。120ちょうどで止めるのが難しい場合は、画面を拡大すると細かい調整が行ないやすくなります。
4箇所同様にガイドの移動を終えたら、［長方形選択ツール］でガイドラインに合わせて選択範囲を作成します 09 。

09

06 ［選択範囲メニュー→選択範囲を反転］で選択範囲を反転し、［レイヤーメニュー→新規塗りつぶしレイヤー→グラデーション］を選びます。グラデーションエディターを開き、開始点、終了点の色を調整しましょう 10 11 。ここでは差の少ない茶〜黒に近い色をそれぞれ選んでいます。選択範囲を取った周囲の枠部分にのみグラデーションの表示ができました 12 。

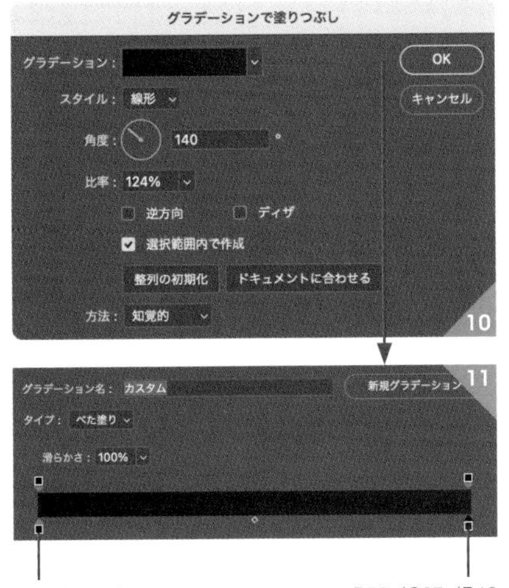

10
11

12

写真とその周囲の調整

07 ［長方形選択ツール］で適当に長方形を選択し、レイヤーパネルで「photo」レイヤーを選択して、［レイヤーマスクを追加］ボタンをクリックしてマスクします 13 。さらに［レイヤーマスクのレイヤーへのリンク］ボタン（鎖のボタン）をクリックして、レイヤーとマスクのリンクを解除します 14 。

13

14

08 レイヤーパネルでレイヤーマスクサムネイルのほうが選択された状態で、[編集メニュー→自由変形]を選択し、斜めになるように傾けて拡大します 15 。文字やレイアウトのバランスを見ながら、写真の位置やサイズも調整しましょう。

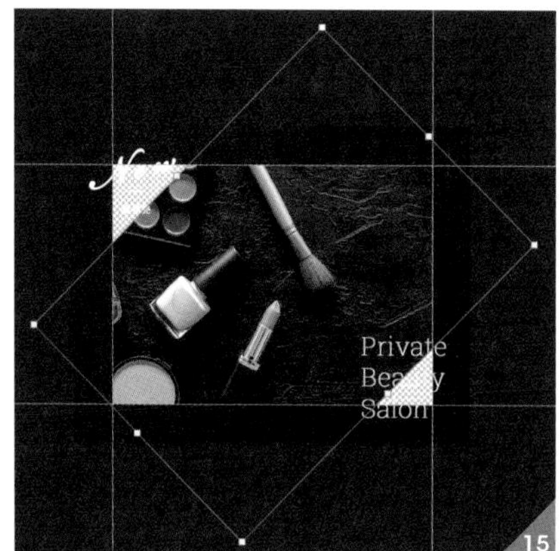

15

光彩とノイズの追加

09 写真のレイヤーを挟む形で新規グラデーションレイヤーを2つ追加します 16 。下のレイヤーは円形グラデーション 17 18 、上に乗せたレイヤーは[描画モード:スクリーン]、[不透明度:18%]として、線形グラデーション 19 20 を適用しています 21 。

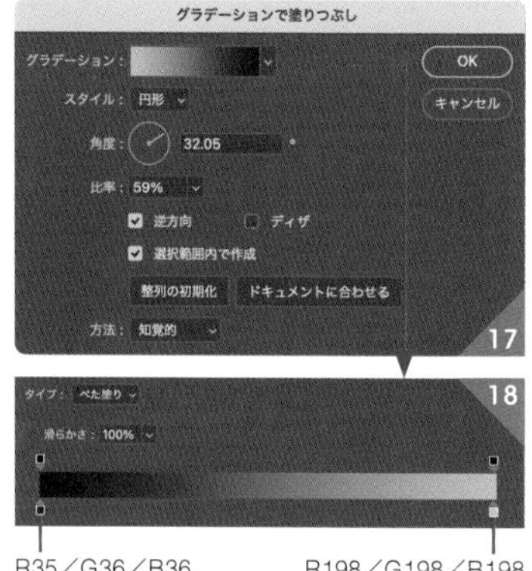

17
18
R35／G36／B36　R198／G198／B198

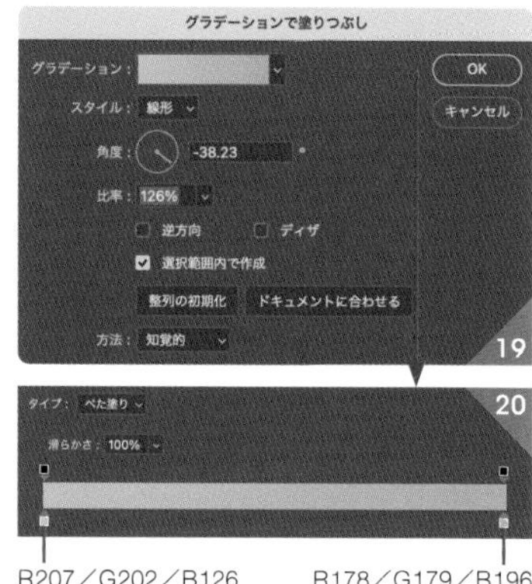

19
20
R207／G202／B126　R178／G179／B196

16

21

10 「photo」レイヤーに[光彩(外側)]のレイヤー効果を追加します 22。カラーをブルーグレー、[描画モード:スクリーン]にして、さらに不透明度とノイズの調整を行なうことで、高級感のある光沢を表現します。これで完成です 23。

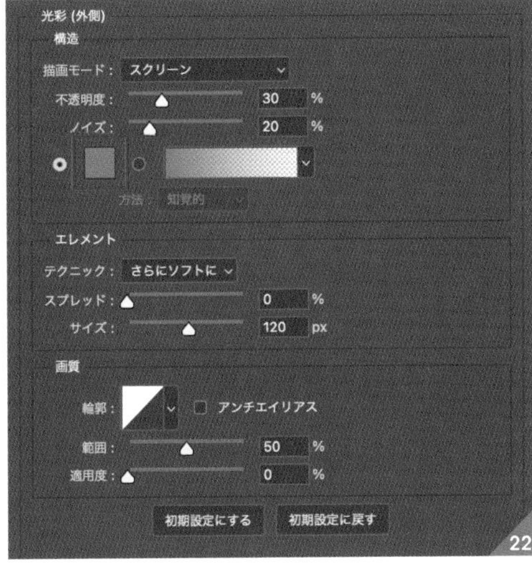

カラー:R114/G130/B135

03 ビジネス系の信頼性のあるイメージを演出する

所要時間

使用アプリケーション

制作・文 久川裕右

ビジネス系の信頼性のあるデザインに仕上げます。人物の切り抜き写真をモノトーンに変換し、背景のデザインもより上質感や信頼感を感じさせる色合いのものに変更します。文字にグラデーションなどを施し高級感を加えることで、ハイクラスなビジネスイメージの完成です。

POINT1

人物の切り抜き写真をモノトーンに変換する

POINT2

背景のあしらいを上質感や信頼感を意識させるものに

POINT3

文字にグラデーションなどのあしらいを施し、高級感を加える

人物を切り抜いてモノトーンに変換する

01 まず、使用する人物画像を切り抜きます。[選択範囲メニュー→被写体を選択]で人物の選択範囲が作成されます 01 。やや選択が甘い箇所があり調整したいので[選択範囲メニュー→選択とマスク]を選択し、「選択とマスク」ワークスペースで[クイック選択ツール]で選択範囲を調整します 02 。今回はメガネの部分や襟元が気になるので整えます。調整が完了したら[OK]をクリックし、選択範囲が点滅している状態でレイヤーパネル下部の[レイヤーマスクを追加]ボタンでレイヤーマスクを作成して、人物画像の切り抜きの完了です 03 。

[被写体を選択]で作成された選択範囲

切り抜かれた人物画像

02 さらにモノトーンに変換し、よりよい雰囲気にしていきます。
新規レイヤーを作成し、[編集メニュー→塗りつぶし]で[内容:50%グレー]、[不透明度:100%]で塗りつぶします 04 。右クリックで[クリッピングマスクを作成]を選択し、レイヤーパネルで[描画モード:カラー]にします 05 。
もう少し雰囲気を出したいので、[レベル補正]調整レイヤーも追加し、色味を調整します([入力レベル:22/0.9/223]に設定し、背景に影響を与えないようにクリッピングマスクにします) 06 。これで切り抜いた人物のモノトーン画像の作成が完了です。

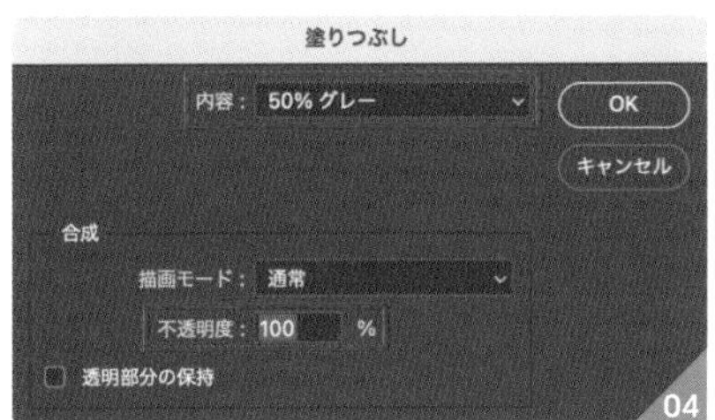

03 背景にあしらいを追加する

03 最背面に白で塗りつぶしたベースのレイヤーを配置しておきます。次に、[長方形ツール] で人物の背景に四角形を配置します。[パス選択ツール] で形状を調整してから、四角形のレイヤーをダブルクリックし、「レイヤースタイル 」ダイアログで [グラデーションオーバーレイ] の効果を適用します 07 。グラデーションのカラーは「 #2c318e 」～「 #05072f 」にして 08 、高級感を加えます。グラデーションの角度などは、仕上がりを見ながら調整しましょう 09 。

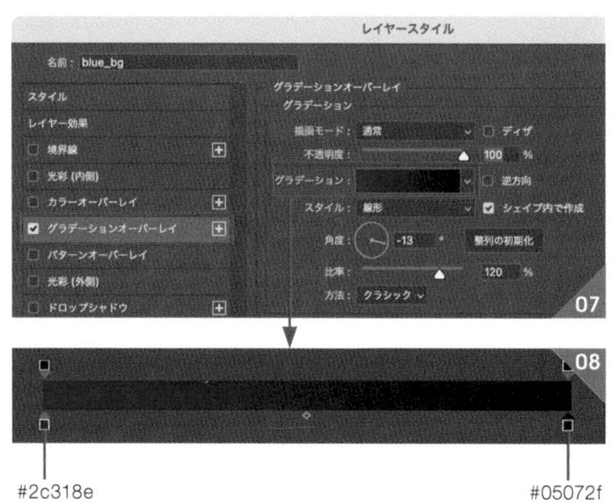

04 さらに背面に四角形を配置して手順03と同様に形状の調整を施した上で 10 、今度は「 #9f7e4b 」～「 #dfb678 」～「 #9f7e4b 」のグラデーション効果を適用し 11 、さらに高級感を加えます 12 。

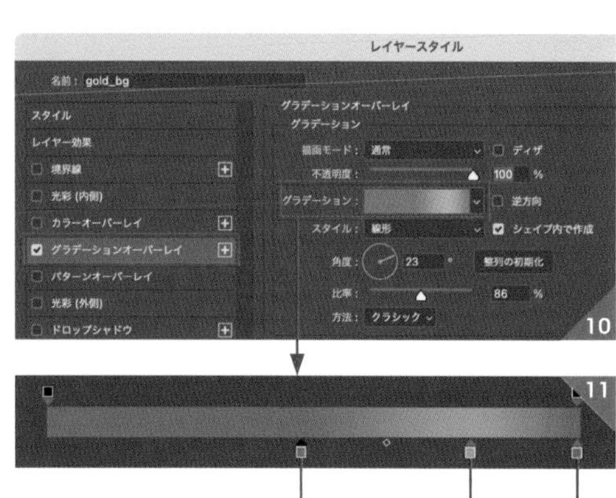

05 次に［塗り：#6f6f6f］のグレーの四角形をレイヤーパネルで［描画モード：乗算］、［不透明度：15%］にして配置します。［パス選択ツール］で手順03や04で作成した長方形と左右で相対するイメージで形状を調整します 13 。

グレーの四角形を複製してもう1つ追加します。［塗り：#000000］にし、レイヤーパネルで［描画モード：乗算］、［不透明度：7%］に設定してゴールドのパーツに相対するイメージで同様に形状を調整します 14 。

13

14

06 ややグレーと紺色の境界が曖昧なので、影の加工を加えましょう。

新規レイヤーを作成し、［多角形選択ツール］で、影となる選択範囲を作成します 15 。描画色「#808080」で塗りつぶした上で、レイヤーパネルで［描画モード：乗算］に設定します 16 。レイヤーパネルの［レイヤーマスクを追加］ボタンでレイヤーマスクを追加し、［グラデーションツール］でマスクを描画して馴染ませることで影の加工が追加され、境界の曖昧さが解消されます 17 。

15

→

16

→

17

07 続けて、ラインのパーツを配置して上質感を演出しましょう。Illustratorで作成した黒の複数のラインのパーツをベクターデータで用意します 18 。

18

08 手順07で用意した黒の複数のラインのパーツを［スマートオブジェクト］としてペーストし、レイヤーパネルで［不透明度：12％］に調整します 19 。レイヤーパネルの［レイヤーマスクを追加］ボタンでレイヤーマスクを追加し、［グラデーションツール］で右側になるにつれ消えていくようなイメージでマスクを描画してデザインを馴染ませます 20 。

次に手順07のパーツを白にして同様に配置し、レイヤーパネルで［不透明度：8％］に調整します 21 。同様にレイヤーマスクを追加して、［グラデーションツール］で先ほどとは逆の方向に馴染ませることで、上質感や信頼感のあるデザインに仕上げます 22 。

19 黒のラインのパーツを配置（不透明度：12%に変更）

20 レイヤーマスクのグラデーションで馴染ませる

21 白のラインのパーツを配置（不透明度：8%に変更）

22 レイヤーマスクのグラデーションで馴染ませる
（この画面ではラインの状態が紙面でわかりやすいように不透明度を上げている）

文字にグラデーションなどのあしらいを施す

09 最後に文字にグラデーションなどのあしらいを施し、高級感を加えていきます。

メインの英語のテキストを配置します 23 。フォント「Trajan Pro 3 / Regular」を使用し、高級感は出ていますが、もう少し上質に仕上げます。

テキストのレイヤーをダブルクリックし、「レイヤースタイル」ダイアログで［グラデーションオーバーレイ］の効果を適用します 24 。グラデーションのカラーを「#0e1146」〜「#474aa7」〜「#0e1146」で適用し 25 、高級感をさらに追加します 26 。

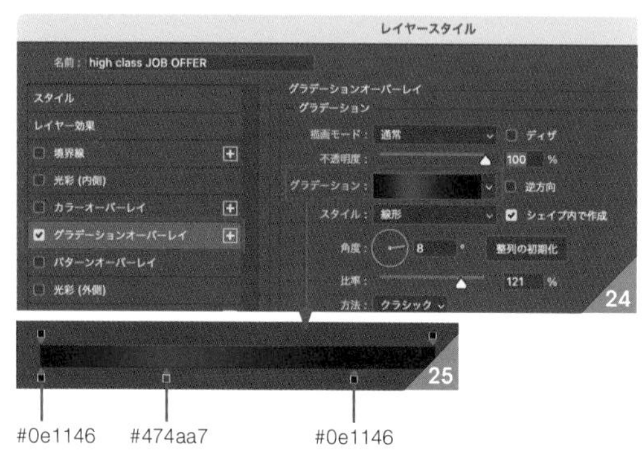

10 サブコピーを配置します。ここにも高級感を加えたいので、「紹介実績」の文字の背面に［長方形ツール］を用いてザブトンのパーツを配置します。テキストの色も［スポイトツール］を用いて背景の紺色に調整します。
「No.1」のテキストに手順09と同様に［グラデーションオーバーレイ］の効果を「#9f7e4b」〜「#dfb678」〜「#9f7e4b」で適用します 27 。さらに［光彩（外側）］も 28 のように適用して高級感を高めます。続けて空いたスペースに、可読性を考慮して色設定した日本語のテキストを配置し、最後にロゴデータを左下に配置して完成です 29 。

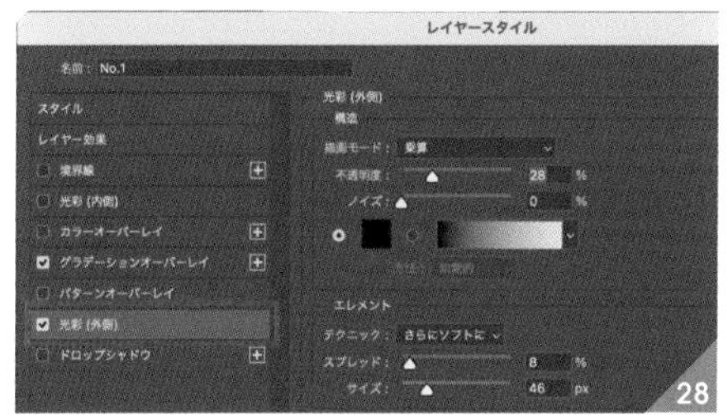

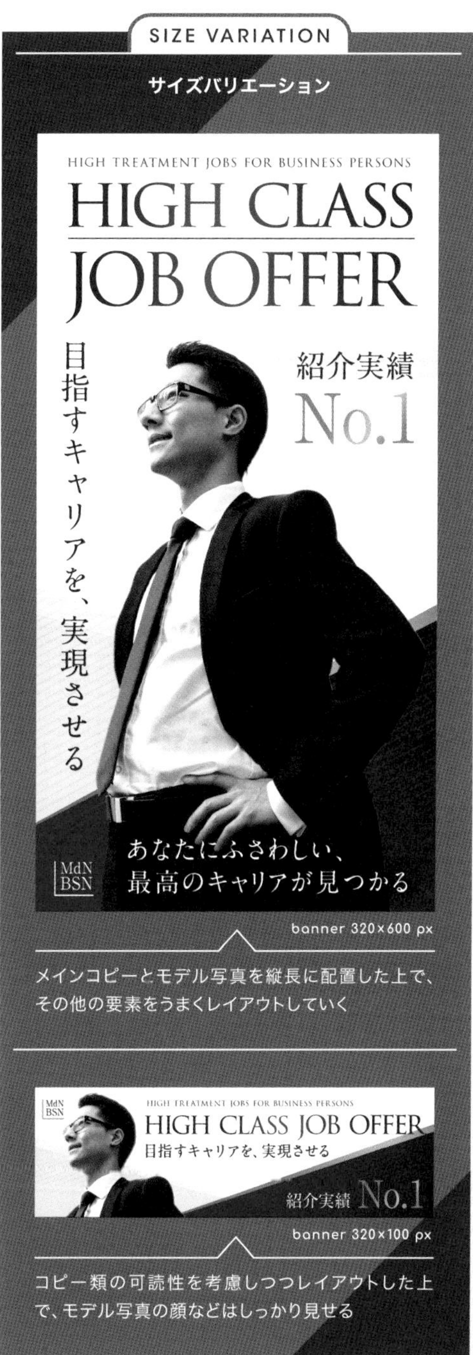

04 子ども向けのカラフルでポップなイメージを演出する

所要時間

使用アプリケーション

制作・文　コネクリ

子どもをテーマにしたバナーを作成します。「大胆な形状」、「カラフル」、「遊び心のあるフォント」、「アナログ感」という4つのポイントを意識してポップに仕上げます。

POINT1

シェイプでマスクと背景を作成する

POINT2

遊び心のあるフォントを使う

POINT3

ブラシで落書きアートを作成する

シェイプでマスクを作成する

01 加工前のバナー 01 では、ベタ塗りの青のレイヤー名を「bg」、キャンプの写真を「photo」、ロゴを「logo」、文字情報を「txt」としてそれぞれ配置し、「logo」と「txt」グループを非表示にしています 02 。

01

02

02 シェイプでマスクを作成します。「photo」レイヤーを選択して、［ペンツール］を選択、オプションバーで 03 のように設定します。［ペンツール］で 04 のような形状のシェイプを作成します。

03

塗り：#40a61c（何色でも可）
線：なし

04

03 作成したシェイプはレイヤーパネルでレイヤー名を「temp」として、「photo」レイヤーの下に配置したら、2つのレイヤーの間をoption＋クリックして、「photo」レイヤーを「temp」レイヤーでクリッピングします 05 。背景のブルーが覗いた状態になります 06 。

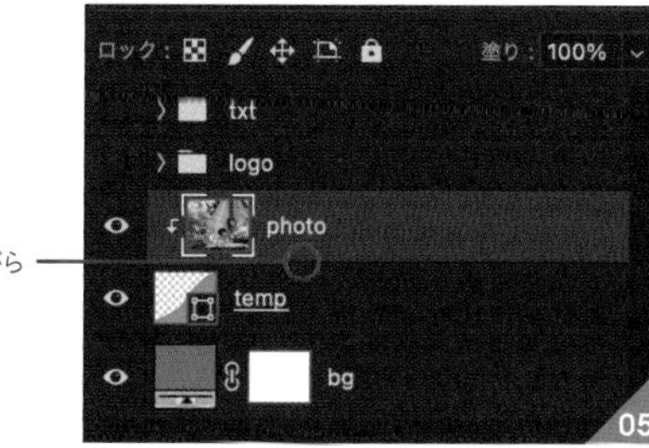

05

06

04

シェイプで背景を作成する

04 シェイプで背景を作成します。[ペンツール]で右下を起点にした黄色の三角形を作成し、[線:なし]、[塗り:#e3b230]としてレイヤー名を「bg_yellow」とします 07 。

同様に三角形を2つ追加します。2つの三角形とも[線:なし]として[塗り]とレイヤー名を 08 のように設定します。

07

08

●オレンジ　カラー:#da5c35/レイヤー名:bg_orange
●緑　カラー:#49c39c/レイヤー名:bg_green

05 レイヤーパネルで「bg_yellow」、「bg_orange」、「bg_green」の3レイヤーを選択し、「temp」レイヤーの下に配置します 09 。華やかな背景になりました 10 。

09

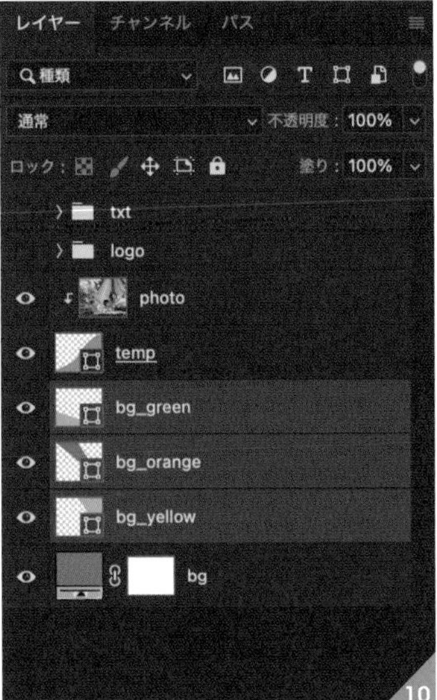

10

遊び心のあるフォントを使う

06 遊び心のあるフォントを使うことで、子ども向けというイメージを強調します。レイヤーパネルで「logo」グループを表示します 11 。「logo」グループは「KIDS」と「CAMP」という2つのテキストレイヤーで構成されています 12 。

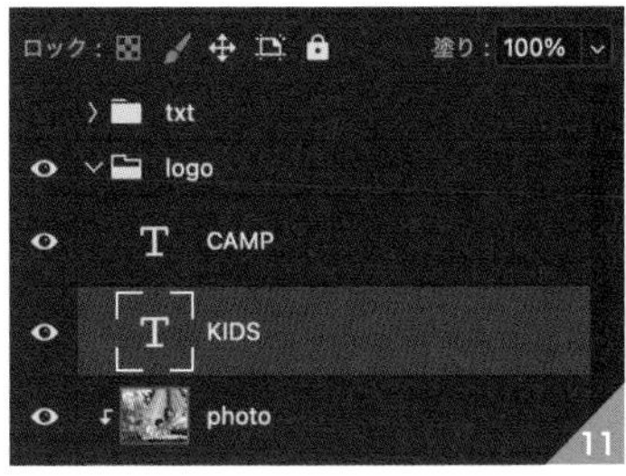

07 このままのフォントでは味気ないので、プロパティパネルでKIDSのフォントを 13 、CAMPのフォントを 14 のように設定します 15 。

KIDS／フォント：Remedy OT Double

CAMP／フォント：Filmotype Maxwell

MEMO

「Remedy」と「Filmotype Maxwell」はともにAdobe Fontsのフォントです。Adobe Fontsではフォントがなくなることもあるので、見つからない場合は別のフォントで代替しましょう。

08 さらに「txt」グループを表示します **16**。これでいったん完成です **17**。

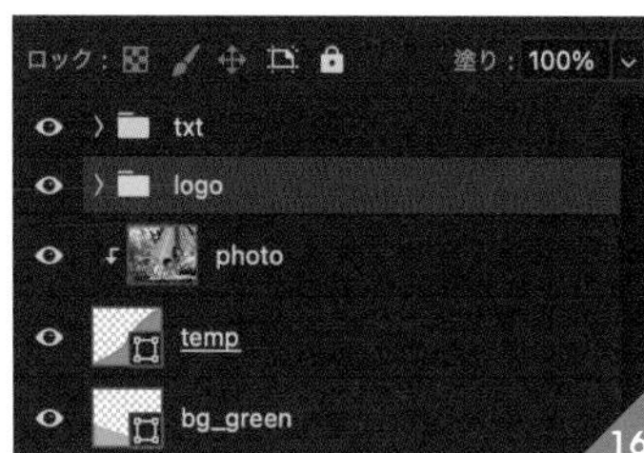

ブラシで落書きアートを作成する

09 アナログな印象を追加するためブラシを使って落書きアートを作成します。落書きは、ペンタブを使ってブラシで描く方法をご紹介します。[ブラシツール]を選択し、オプションバーから[ブラシプリセットピッカー]を開いて[ハード円ブラシ]を選択、**18** のように設定します。さらにブラシ設定パネルを **19**、オプションバーを **20** のように設定します。

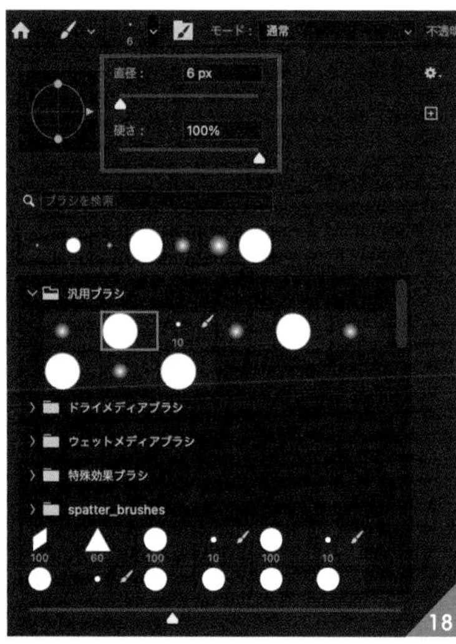

直径：6px　硬さ：100%

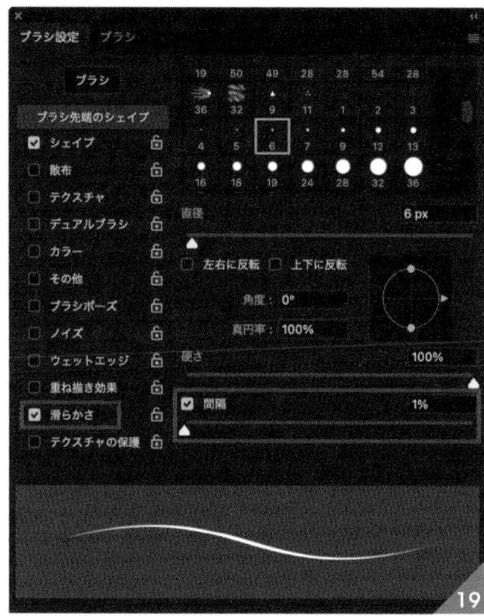

間隔：1%　滑らかさ：チェック

不透明度：100%　流量：100%　滑らかさ：30%　0°　20

滑らかさ：30%　サイズに常に筆圧を使用する：オン

MEMO

ブラシ設定パネルで[滑らかさ]にチェックを入れると、オプションバーの[滑らかさ]がアクティブになります。[滑らかさ]の値が高いほどスムーズな線が引きやすくなりますが、描き心地はマシンスペックに依存するので適宜調整しましょう。

10 レイヤーパネルで新規レイヤーを作成、レイヤー名を「doodle」とします 21。［描画色：白（#ffffff）］にしてブラシで落書きしていきます 22。写真のイメージを損なわない、遊び心のある落書きを追加して完成です 23。

21

22

23

SIZE VARIATION

サイズバリエーション

banner 320×600 px

縦位置のバナーに展開する際はクリッピングマスクの形状を調整する

banner 320×100 px

ミニバナーに展開するときもカラフルな印象が変わらないように調整する

05 オーガニックなショップのナチュラルなイメージを演出する

所要時間

使用アプリケーション

制作・文　木戸武史

背景にオリジナルのテクスチャーを作成してナチュラルなイメージを演出します。Photoshopのブラシを使用して、画面を確認しながら水彩画のように自由にブラシを重ねて背景に奥行きを作ります。さらにフィルターを使って紙のザラっとした質感を加え、自然な雰囲気に仕上げます。

POINT1

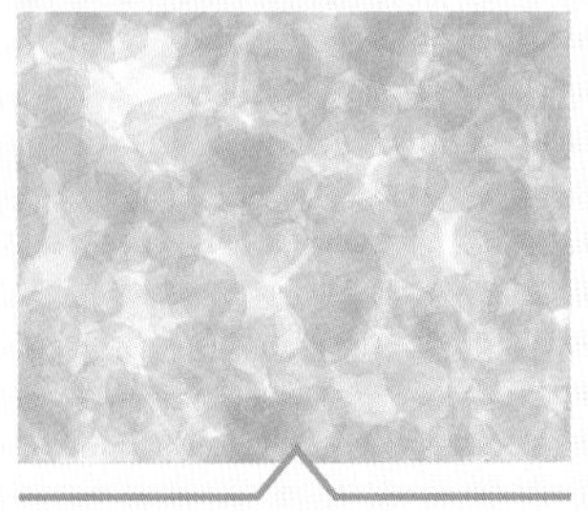

ブラシで背景のテクスチャーを作成する

POINT2

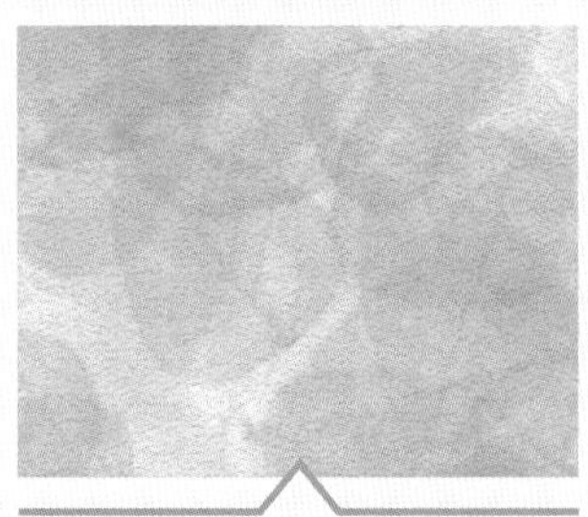

フィルターで紙の質感を作成する

POINT3

レイヤースタイルで文字情報の色を変更する

背景のテクスチャーを作成する

01 新規レイヤーを作成します。
背景、文字情報はそれぞれ別レイヤーに分けて配置し、文字情報のレイヤーは非表示にしています 01 。

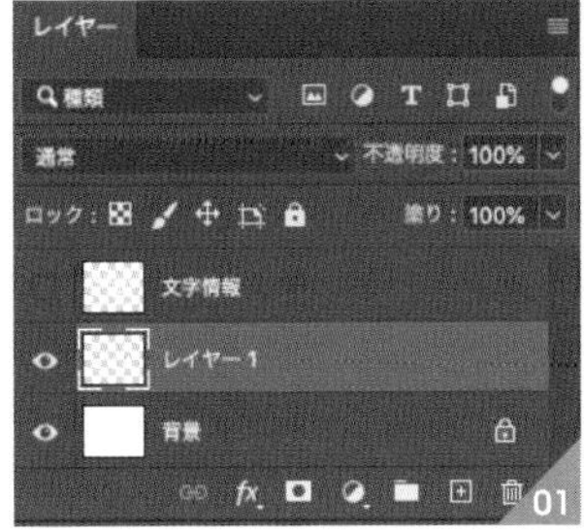

02 ツールパネルで［ブラシツール］を選択します。ブラシパネルを開き、プリセットから［葉（散乱）］を選択し、［直径：300px］にブラシを設定します 02 。

MEMO
ブラシパネルのプリセットに［葉（散乱）］がない場合は、ブラシパネルメニューから［レガシーブラシ］を選択し、「レガシーブラシセット」をプリセットに戻すと、［初期設定ブラシ］の中に［葉（散乱）］が入っています。

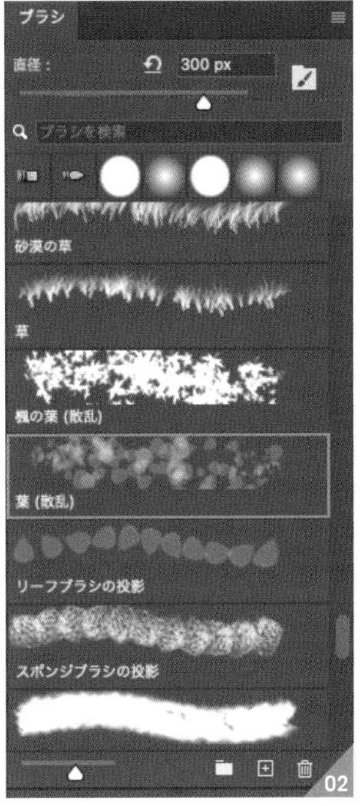

03 ブラシの描画色を「#76cc9c」に設定し 03 、画面上を自由にドラッグして適当な余白を残しつつ塗ります。葉っぱの模様が四方に飛び散るので、納得するまで何度もやり直します 04 。

04

新規レイヤーを作成し、[描画モード]を[乗算]にします 05 。ブラシの描画色を「#ceea95」に設定し、手順03の塗りとバランスを確認しながら重ねて塗ります。納得するまで何度もやり直します 06 。

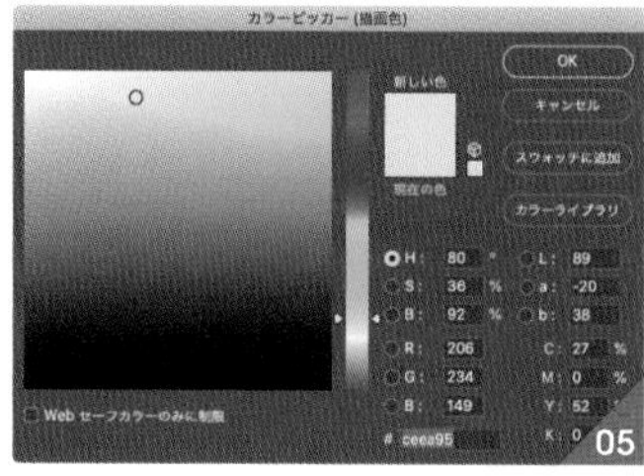

05

06

05

続けて、色を変えて同様の手順を繰り返します。新規レイヤーを作成し、[描画モード：乗算]、ブラシの描画色を「#fff9b4」に設定して 07 、塗りを重ねます 08 。

07

08

06

さらに新規レイヤーを作成し、[描画モード：乗算]、ブラシの描画色を「#feddd7」に設定して 09 、描画します 10 。
ここまでで作成した4色のレイヤーの名前は色の数値にしてあります 11 。

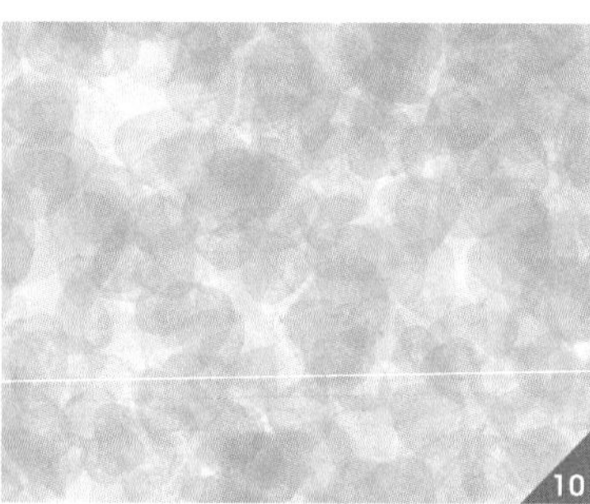
10

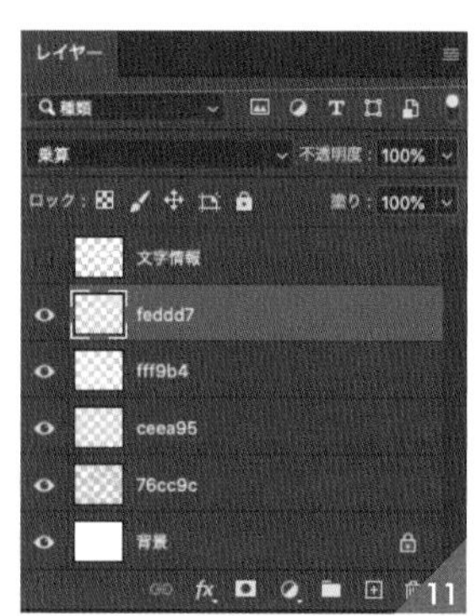

11

09

紙のザラっとした質感を作成する

07 ブラシレイヤーの上に新規レイヤーを作成し白く塗りつぶします 12 。[フィルターメニュー→フィルターギャラリー］を選択し、「フィルターギャラリー」ダイアログを開きます。［スケッチ］から［ノート用紙］を選択し、［画質のバランス：20］、［きめの度合い：6］、［レリーフ：10］に設定し、［OK］をクリックします 13 。

MEMO

［フィルターギャラリー］は新規レイヤーを作成したままだと開くことができないので、レイヤーを白く塗りつぶしてから開きます。

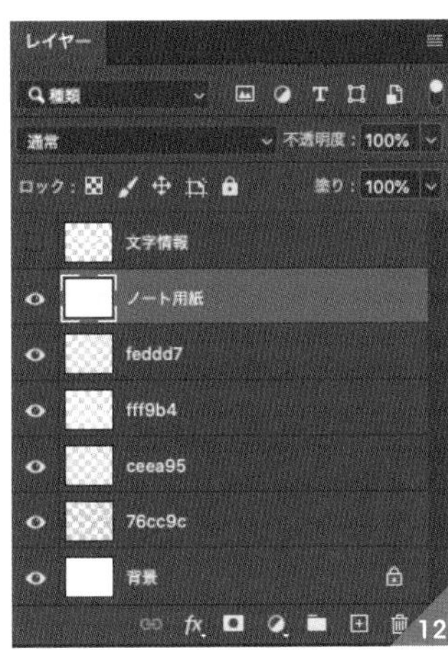

08 「ノート用紙」レイヤー 14 の［描画モード］を［乗算］に設定し 15 、画面に馴染ませます 16 。

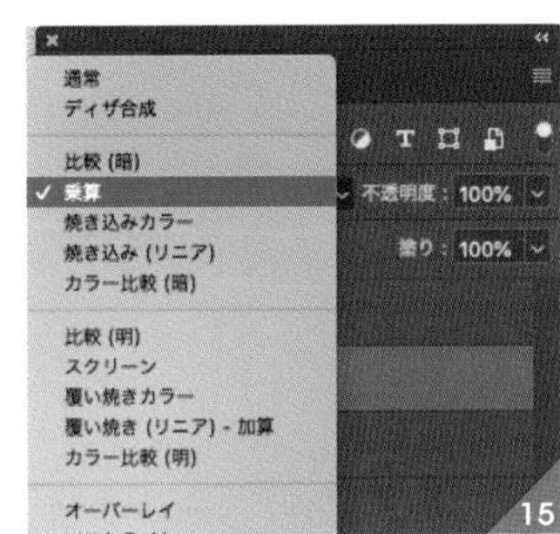

「ノート用紙」レイヤー

「ノート用紙」レイヤーの［描画モード］を［乗算］にする

文字情報の色を変更する

09 非表示にしてあった文字情報のレイヤーを表示させ 17 、レイヤーをクリックし「レイヤースタイル」ダイアログを開きます。左側の［カラーオーバーレイ］にチェックを入れ、18 のように設定します（カラー：#22502a）19 。これで完成です 20 。

17

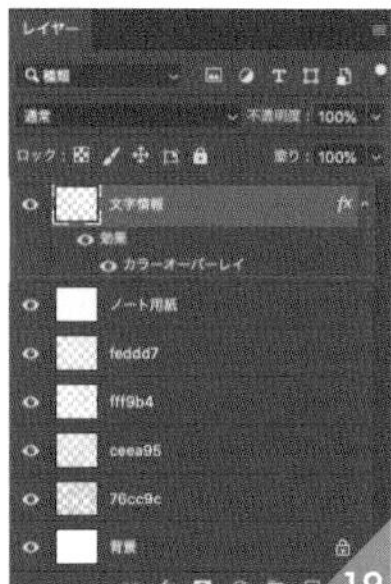

19

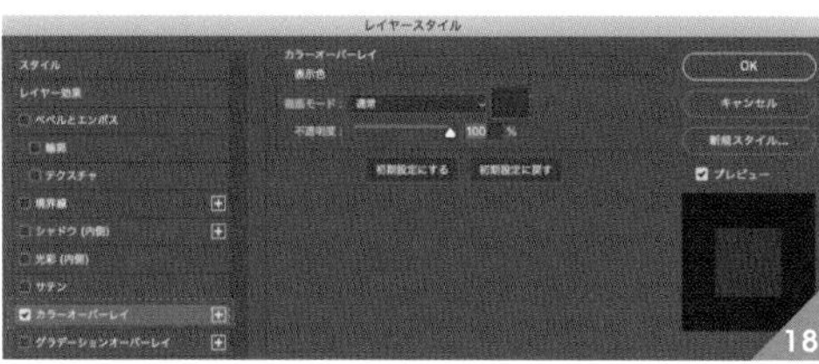

18

20

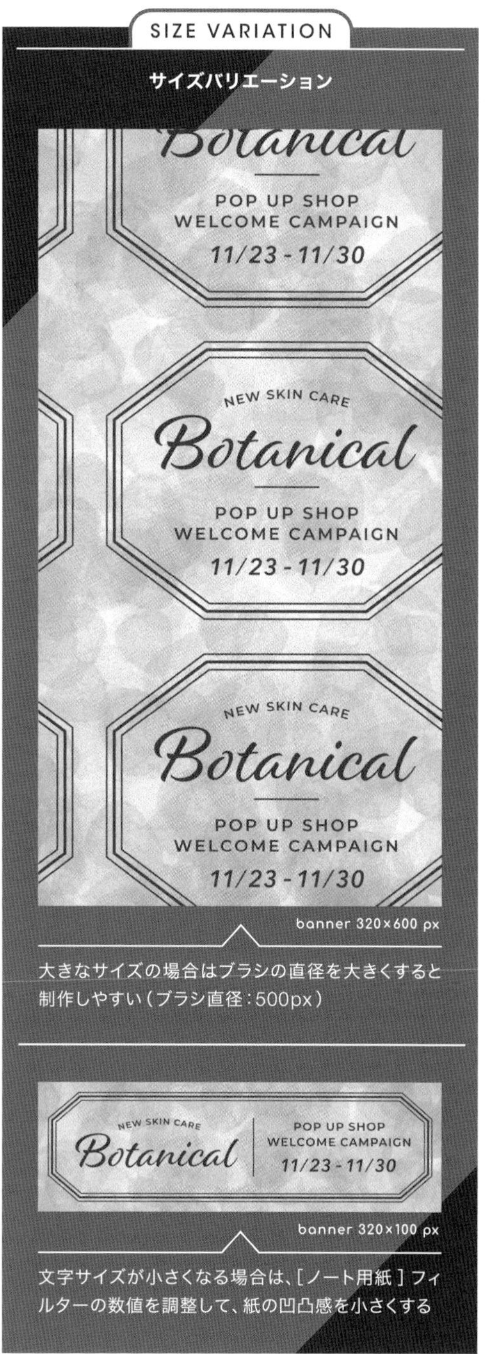

06 オリジナルタイトルとマスクの形でレトロなイメージを演出する

After

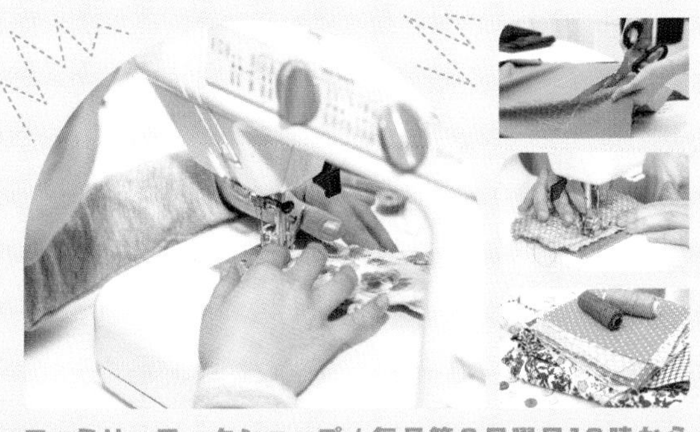

もっと楽しい雰囲気を出したい

Before

所要時間

15分

使用アプリケーション

制作・文 木戸武史

オリジナルのタイトルデザインと写真の形やラフな装飾でレトロ感を演出します。グリッドを使用した文字とフリーハンドの文字を組み合わせ、オリジナルタイトルを作成します。「ライブコーナー」で写真の見え方をレトロな感じに変更し、ミシンの縫い目のような装飾を加えてラフな楽しいイメージに仕上げます。

POINT1

オリジナルフォントでタイトルを作成する

POINT2

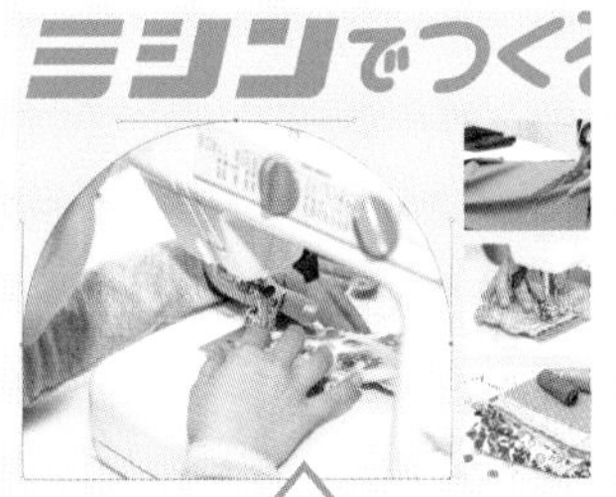

[ライブコーナー]でマスクの枠をシェイプする

POINT3

[ペンツール]を使用してミシンの縫い目のような装飾を加える

06 オリジナルのタイトル文字を作成する

01 文字を作成するために、Illustratorの背景グリッドを設定します。まず［表示メニュー→グリッドを表示］を選択してグリッドを表示します 01 。次に、［表示メニュー→グリッドにスナップ］を選択してチェックがつくように設定します 02 。［環境設定］を開き、［単位］で［一般：ピクセル］に設定します 03 。［ガイド・グリッド］で［グリッド：4px］、［分割数：2］に設定します 04 。そのまま［グリッド］の［カラー］の右側の四角いカラー部分をクリックし、 05 のように［グレイスケールつまみ］、［明度：75%］に設定します。今回は見やすいようにカスタムカラーにしました 06 。

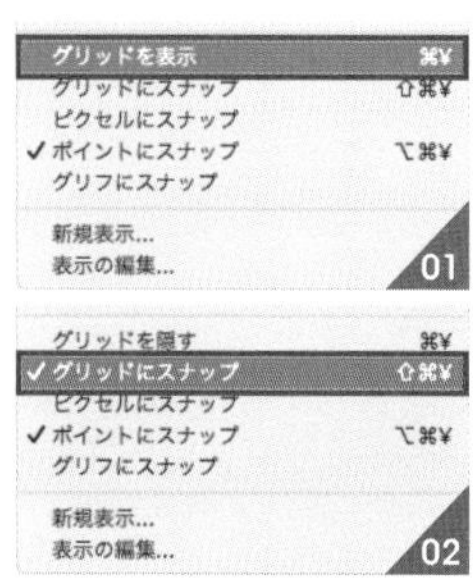

［表示］メニューでグリッド表示とスナップを設定

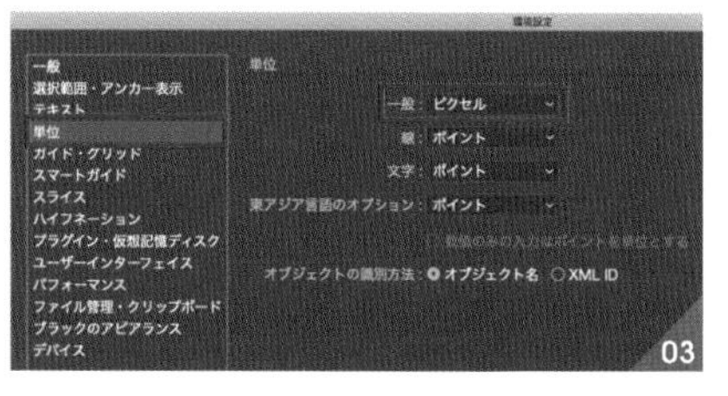

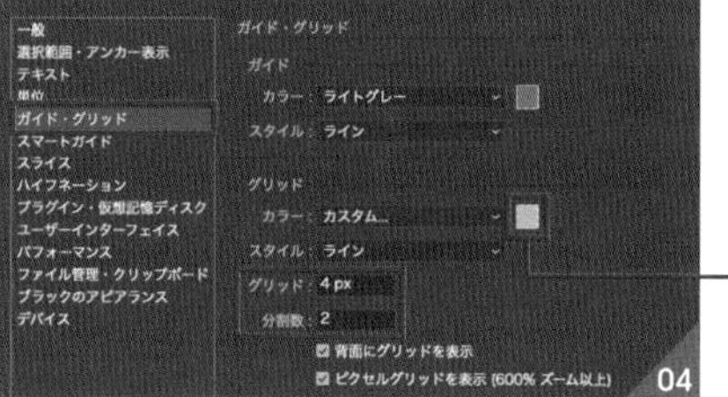

設定したグリッド

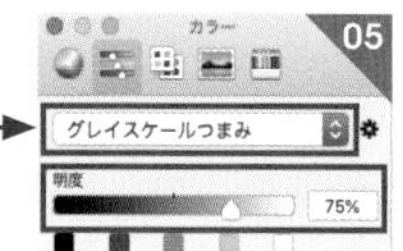

02 ［長方形ツール］を使って、グリッドに沿って自由に文字を制作します 07 。パスファインダーパネルで［形状モード：合体］にしてパスを合体させます 08 09 10 。

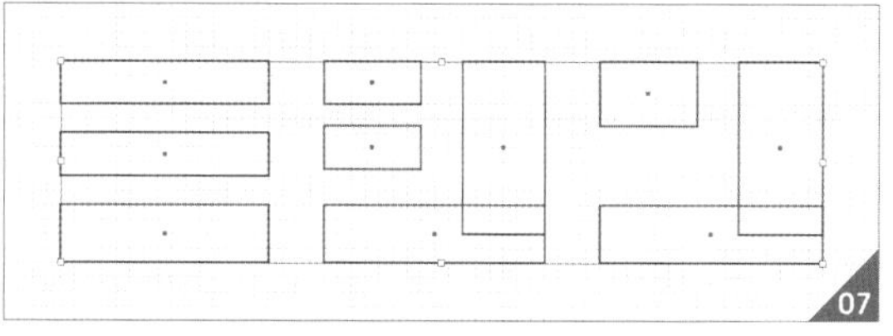

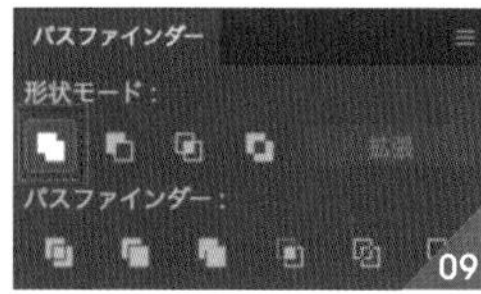

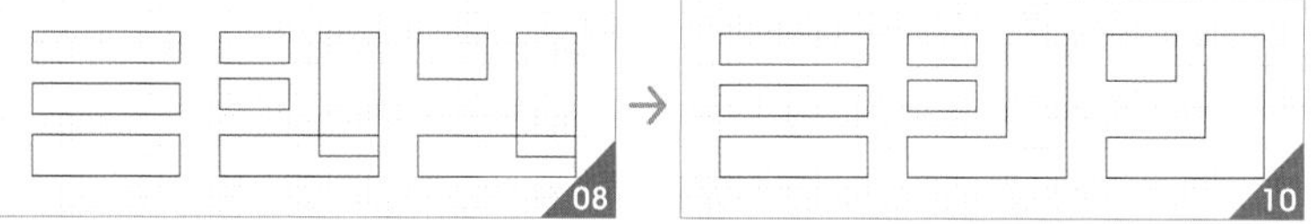

03 続けて［線：なし］、［塗り：#14A433］に設定し 11、［ダイレクト選択ツール］で文字の右下のアンカーポイントを選び 12、コントロールパネルで［コーナー：10px］に設定し 13、右下のコーナーを角丸にします 14。

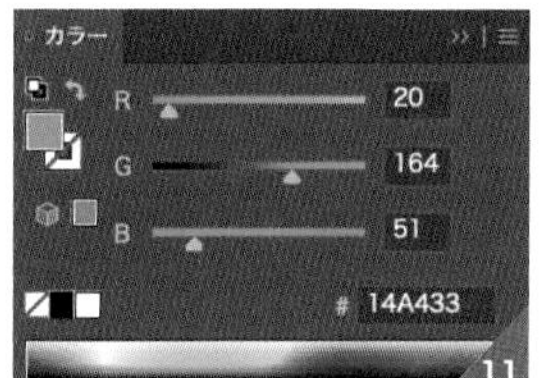

11

MEMO

この工程の終了後は、手順01で設定した［表示メニュー→グリッドにスナップ］を解除します。

12

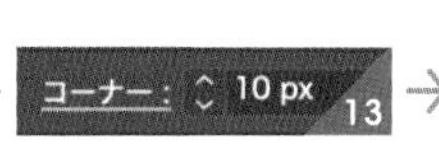

13

14

04 ツールバーの［鉛筆ツール］をダブルクリックして「鉛筆ツールオプション」ダイアログを開き、［精度］を一番右の［滑らか］に設定します 15。
線パネルで［線幅：10pt］、［線端：丸型線端］、［角の形状：ラウンド結合］の線で自由に文字をいろいろ書いてみます 16 17。
気に入った文字が書けたら手順03で制作した文字と並べます 18。濁点部分は［線幅：8pt］に変更し調整します 19 20 21。パスで制作しているので［ダイレクト選択ツール］などで微調整もできます。

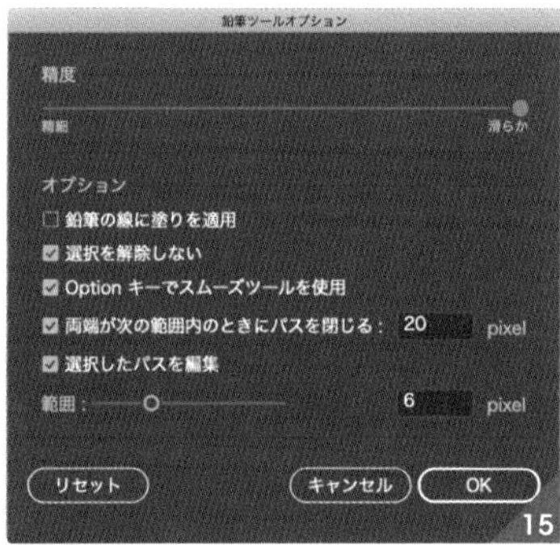

15

16

17

19

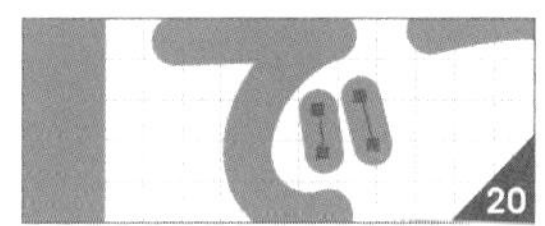
20

18

21

05 手順04で制作した文字を選択し、[オブジェクトメニュー→パス→パスのアウトライン]でアウトライン化します 22 。文字をすべてて選択し、ツールバーの[シアーツール]をダブルクリックして「シアー」ダイアログを開き、[シアーの角度：13°]でシアーを適用します 23 24 。制作したタイトルはサイズ調整してレイアウトします 25 。

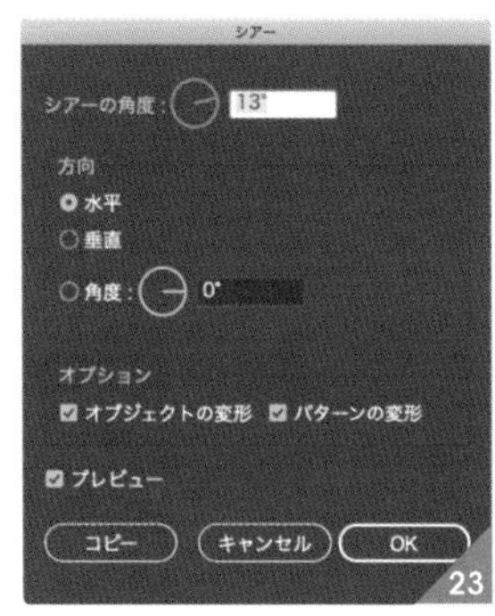

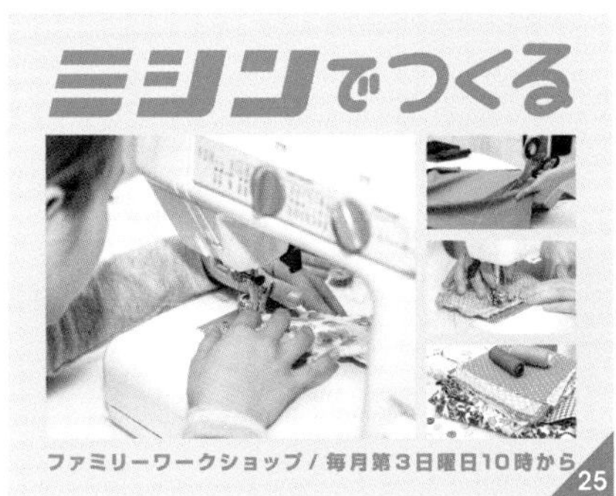

MEMO
[オブジェクトメニュー→分割・拡張]でもアウトライン化できます。

写真の形をシェイプさせる

06 [ダイレクト選択ツール]でshiftキーを押しながら写真のクリッピングマスクの上2箇所のアンカーポイントを選択します 26 。表示された「ライブコーナーウィジェット」 27 のどちらか一方を四角の内側に向かってドラッグすると、両方のコーナーが連動してシェイプされるので 28 、上辺が半円になるまで目一杯ドラッグします 29 。

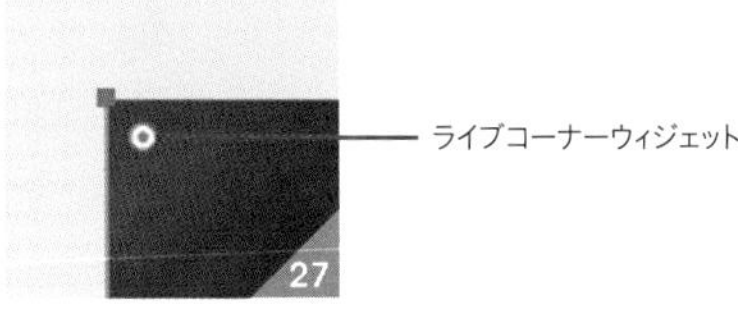

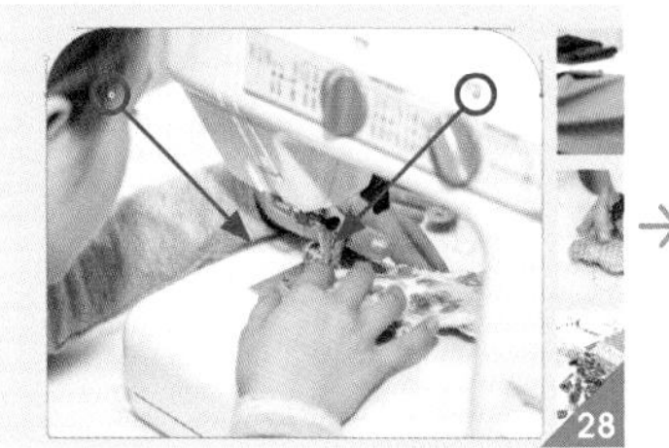

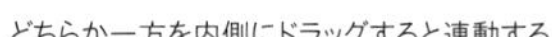
どちらか一方を内側にドラッグすると連動する

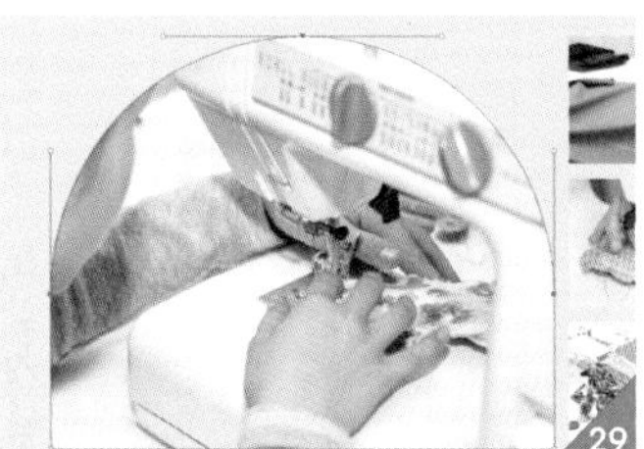

半円になるまでドラッグ

07 小さい方の写真も同様に［ダイレクト選択ツール］でshiftキーを押しながら、今度は左上と右下のアンカーポイントを選択し 30 、コントロールパネルで［コーナー：10px］に設定します 31 32 。

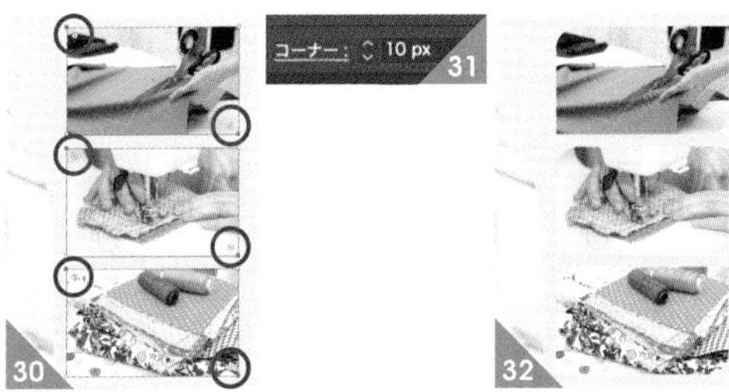

ミシンの縫い目風の装飾を作る

08 ［ペンツール］を選び、文字と同じカラーで 33 のように設定した破線で空いたスペースにジグザグを作成して完成です 34 。

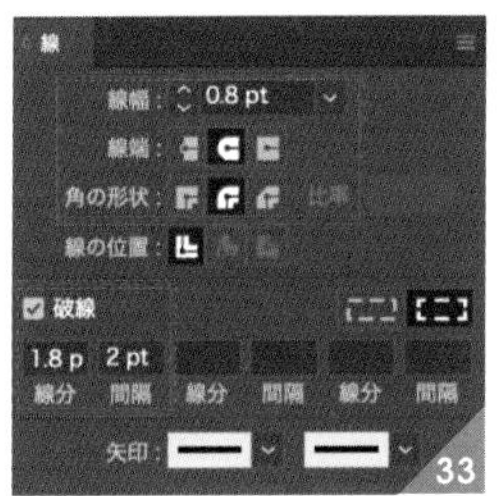

CHAPTER 4

07 ダイアモンドのパターンでゴージャスに彩る

所要時間

使用アプリケーション

制作・文　佐々木拓人

イラスト1つだけでは物足りない場合は、敷き詰めることで、より華やかな印象になります。スウォッチのパターン機能を活用すれば、イラストを簡単に敷き詰められます。光の反射も加えることで、ゴージャスなイメージを演出しましょう。

POINT1

イラストをスウォッチへ登録する

POINT2

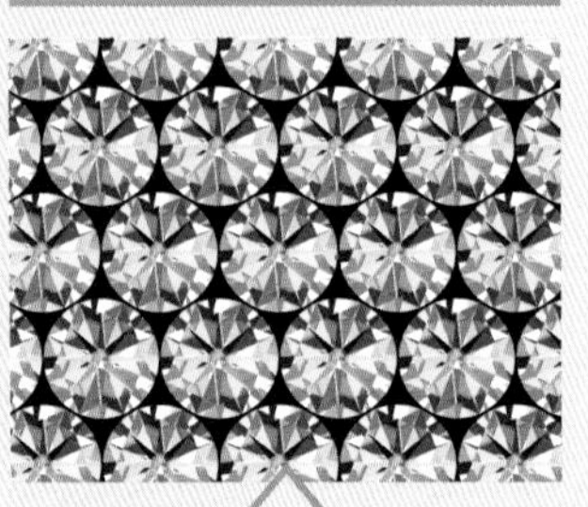

パターンの設定を調整して敷き詰める

POINT3

光の反射を加えてゴージャスに

ダイアモンドのパターンを作成する

01 パターンを作成します。元のバナーを開き、ダイアモンドのイラストを選択して、スウォッチパネルへドラッグします **01** 。

01

02 アートボード上のイラストを削除するか、アートボードの外へ移動して選択を解除します。
スウォッチパネルで登録したダイアモンドのイラストをダブルクリックして編集モードへ移行します **02** 。

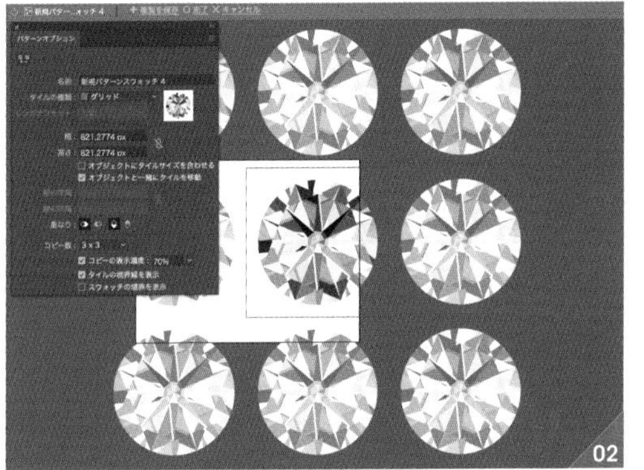

02

03 パターンオプションで［タイルの種類：レンガ（横）］、［幅：700px］、［高さ：610px］に設定して、［完了］をクリックします **03** 。これでパターンができました。

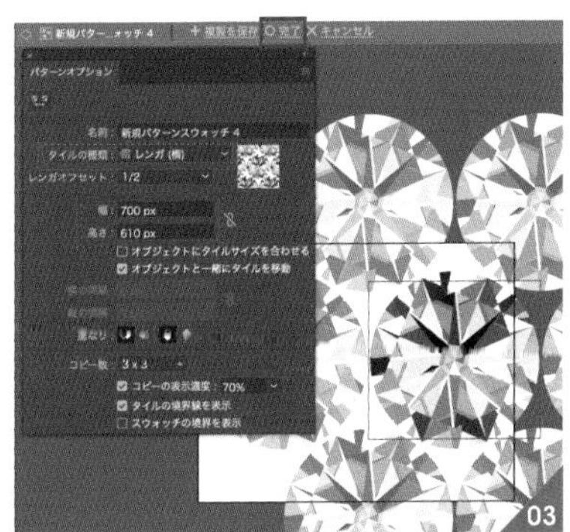

03

04 背景の黒の長方形を選択し、⌘+Cキー、⌘+Fキーで前面に複製して、スウォッチを適用します 04 。
模様が少し大きすぎるので、[拡大・縮小ツール]をダブルクリックし、[オブジェクトの変形]のチェックを外して、[パターンの変形]にチェックを入れます。[拡大・縮小：32％]で適用してちょうどいいサイズにします 05 06 。

MEMO
端で模様が中途半端に切れるなど、パターンの位置を調整したいときは、[ダイレクト選択ツール]で^キーを押しながらドラッグします。

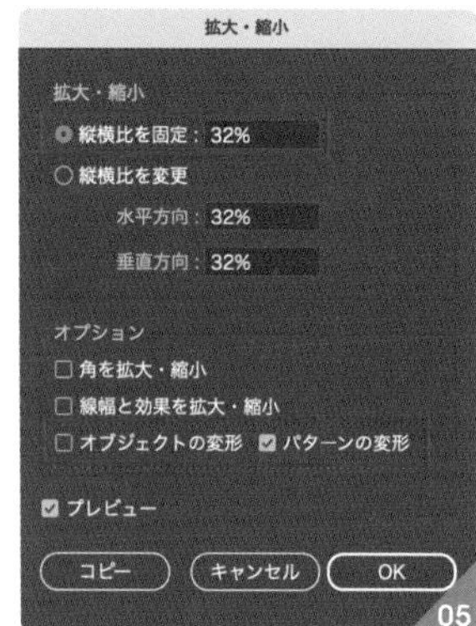

05

04

06

反射光のマークを加える

05 キラッと輝いた反射のマークを入れていきます。[楕円形ツール]で[幅：15px]、[高さ：15px]の正円を描きます 07 。
続けて[多角形ツール]で[半径：50px]、[辺の数：3]の三角形を描画し 08 、変形パネルで[W：10px]、[H：140px]に変形します 09 。
この三角形を90°回転させながら4つ複製し、円と組み合わせます。また、横向きの三角形は[W：100px]に縮めました 10 。

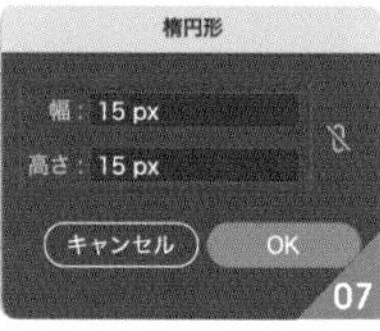

07

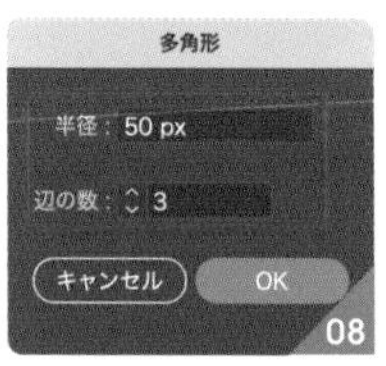

08

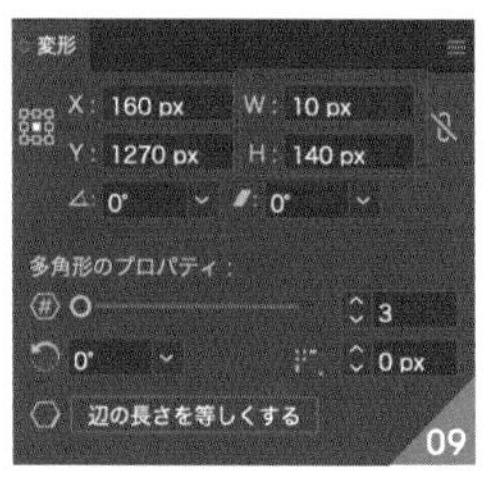

09

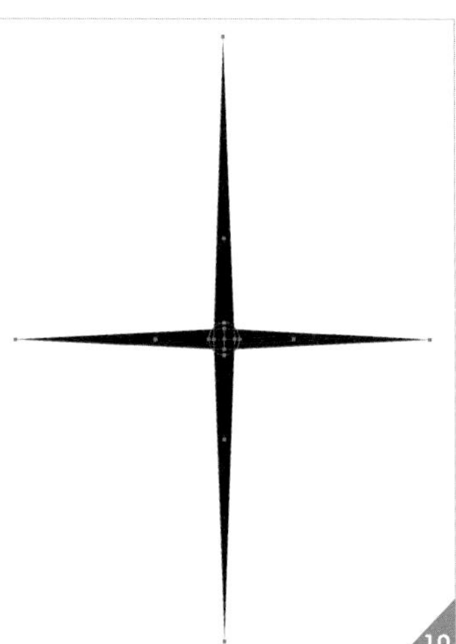
10

06 このパーツ全体を選択し、[回転ツール]で[角度:10°]で回転させて少し傾けます 11 。塗りを白にして 12 、サイズを変えながらいくつか配置すれば完成です 13 。

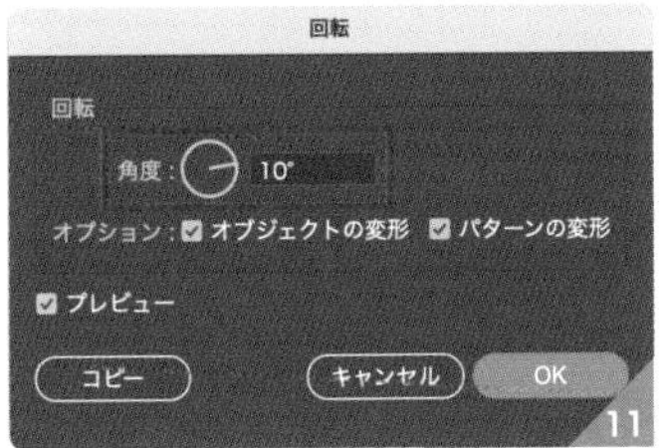

11

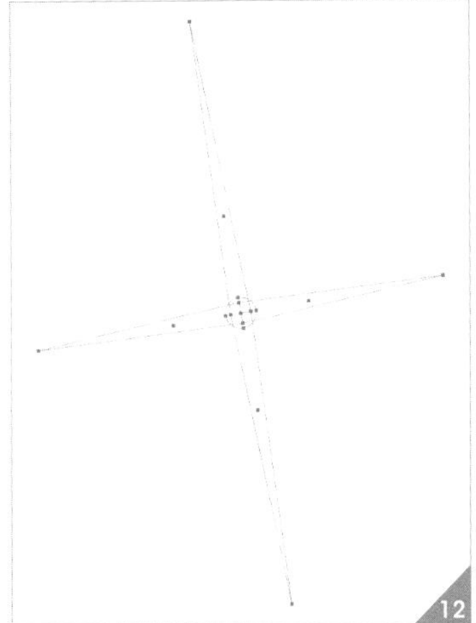
12

13

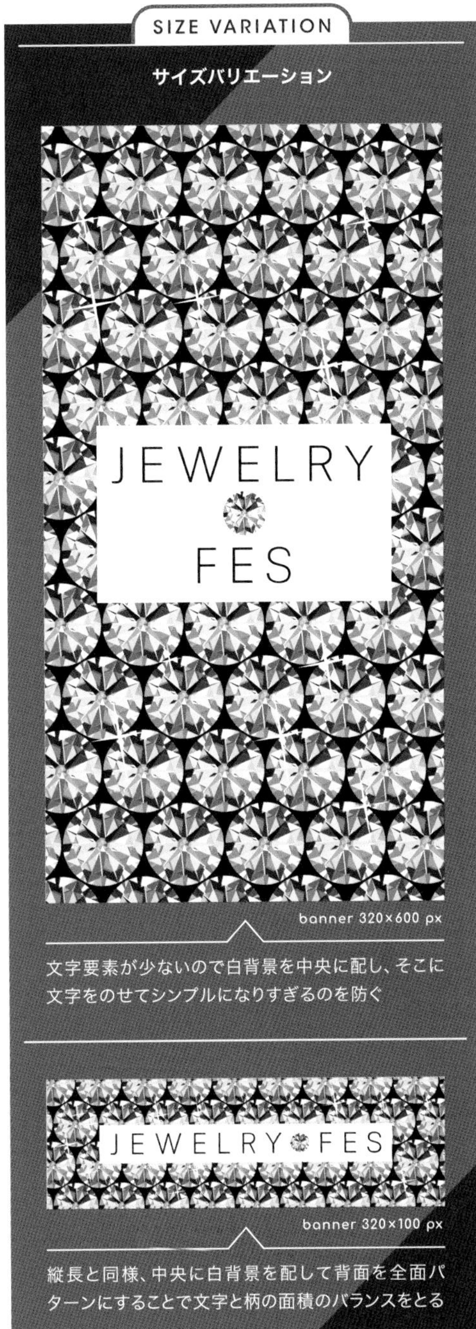

08 '80sテイストのニューレトロデザイン

所要時間

使用アプリケーション

制作・文 高野 徹

カラフルなメタリック文字や幾何学模様をデザインに取り入れることで、80年代のポップなイメージを感じさせるニューレトロなバナーにしましょう。派手めなグラデーションの使い方と、幾何学的な装飾がポイントです。

POINT1

タイトルをグラデーションの袋文字にする

POINT2

タイトルの背景にグリッドを入れる

POINT3

ギザギザ線や円、三角形などの幾何学デザイン処理を加える

タイトル文字をグラデーション加工する

01 バナーの元ファイルを開き、タイトルの文字「SALE」を選択し、アピアランスパネルの［アピアランスを消去］ボタンをクリックします。続いてアピアランスパネルメニューから［新規塗りを追加］を選択して塗りを追加します 01 02 。

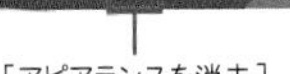

02 アピアランスパネルで追加した「塗り」のカラーをグラデーションにします。グラデーションパネルで、スライダーの下をクリック分岐点を増やし、ピンク～ブルーに変化するグラデーションを作成します 03 。［角度：90°］に設定して文字の塗りにしましょう 04 。

グラデーションの分岐点の設定
［位置：0%　カラー：R255／G230／B255］
［位置：40%　カラー：R255／G0／B207］
［位置：50%　カラー：R97／G0／B203］
［位置：51%　カラー：R248／G248／B248］
［位置：100%　カラー：R0／G145／B255］

03 アピアランスパネルの［線］を選択します。［線：白］に設定し 05 、線パネルで［線幅：20pt］、［角の形状：ラウンド結合］に設定します 06 07 。

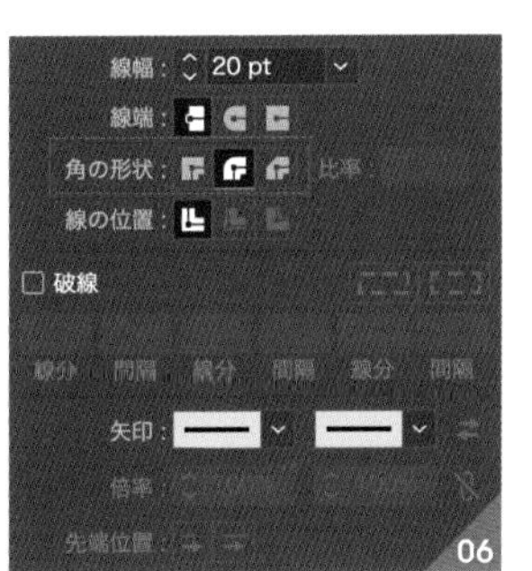

04 アピアランスパネル下の［＋（選択した項目を複製）］ボタンをクリックして「線」を複製します。グラデーションパネルでグラデーションをクリックして、線に塗りと同じグラデーションを適用してから、［角度：-90°］に設定します 08 09 。線パネルで［線幅：8pt］に変更すれば、'80s風のグラデーション文字に加工できました 10 。

［選択した項目を複製］

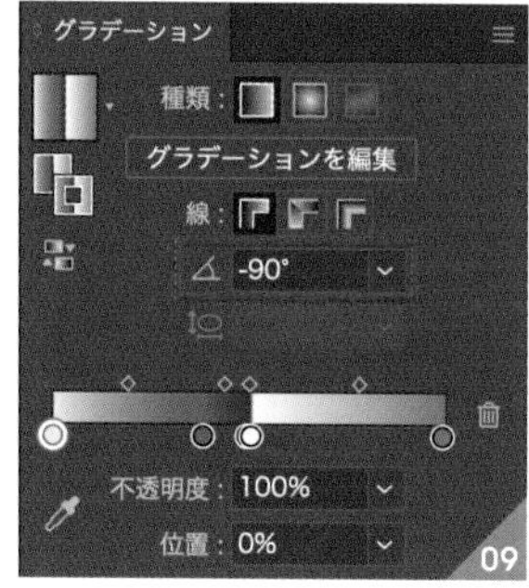

'80s風の装飾を加えていく

05 レイヤーパネルで「txt」レイヤーと「background」レイヤーをロックし、中間に新規レイヤーを追加して、名前を「design」とします。このレイヤーに装飾デザインを作成していきます。［長方形ツール］で日付の帯の左上からドラッグし、文字の背景にグリッドの輪郭になる長方形を描いて、［塗り：なし］、［線：白］にします。そのまま［オブジェクトメニュー→パス→グリッドに分割］を選択し、ダイアログで行の［段数：6］に設定します。プレビューを見ながらグリッドがほぼ正方形になるように、列の段数を決定しましょう（作例では［段数：27］）11 12 。

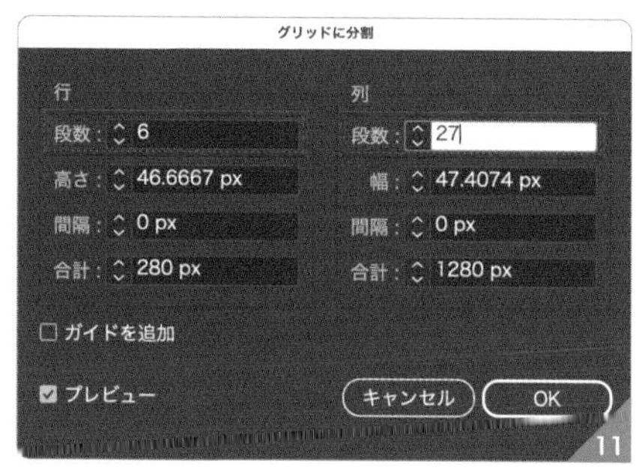

06 さらにデザインパーツで装飾していきます。［直線ツール］で、［塗り：なし］、［線：R255／G255／B141］、［線幅：13pt］のライン描き、optionキー＋ドラッグして複製して 13 のように並べます。

07

［効果メニュー→パスの変形→ジグザグ］を選択し、［大きさ：18px］、［折り返し：4］、［ポイント：直線的に］でジグザグのラインにします 14 15 。

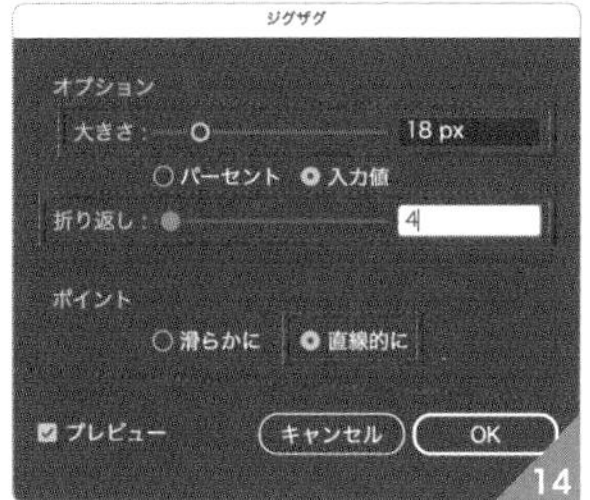

08

［楕円形ツール］で、デザイン面の数箇所にランダムな大きさで正円を描きます。仕上げに［ペンツール］で［塗り：R255／G255／B141］の三角形を2つ描いて完成です 16 。

縦長に展開するときは、要素を斜めに振ると大きく扱える。タイトルははみ出すくらいでもよい

横長サイズで展開する際は、縦並びの要素を横に並べることでスペースを活かせる

09 遊びのあるかわいいイメージを演出する

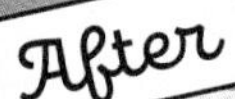

バラバラな形でも
統一感がほしい

所要時間

10分

使用アプリケーション

制作・文　木戸武史

枠線やキリヌキ線、ドットの背景などの装飾を加えてかわいく賑やかにします。「パスのオフセット」を使ってロゴと組み合わせた枠線を作り、写真をハサミでラフにカットしたようなキリヌキ線を、ペンツールで素早く作成します。ドット柄はスウォッチで作り、背景に透過させて奥行きのある画面に仕上げます。

POINT1

［パスのオフセット］で外枠を作成する

POINT2

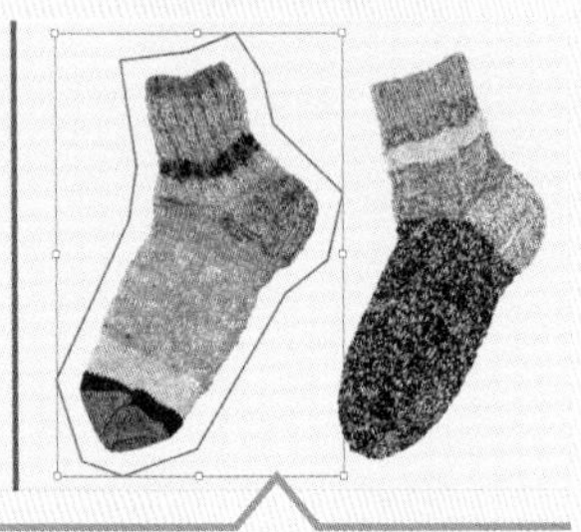

［ペンツール］でラフなキリヌキ線を作成する

POINT3

［パターン］を使用して背景に薄いドット柄を加える

ロゴを配置した外枠を作成する

01 背景と写真&文字はそれぞれ別レイヤーに分けて配置しています 01 。
背景を選択し 02 、[オブジェクトメニュー→パス→パスのオフセット]でダイアログを表示します。[オフセット：-10pt]、[角の状況：マイター]で[OK]をクリックし 03 、背景の10pt内側の枠を作成します 04 。線パネルで[線幅：1.5pt]、[線端：丸型線端]、[角の形状：ラウンド結合] 05 、線の色は「#CC3758」、[塗り：なし]に設定します 06 07 。

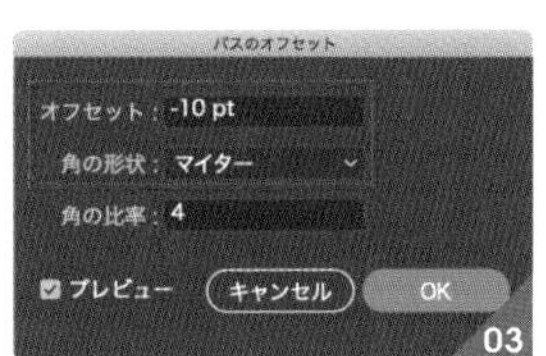

03

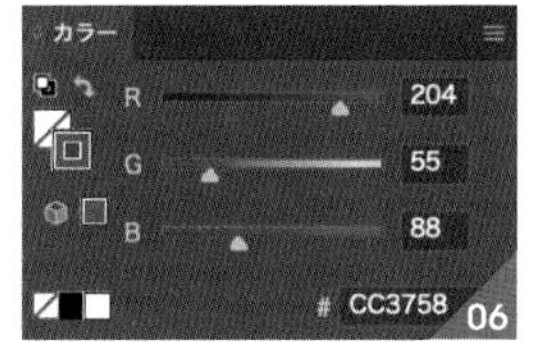

06

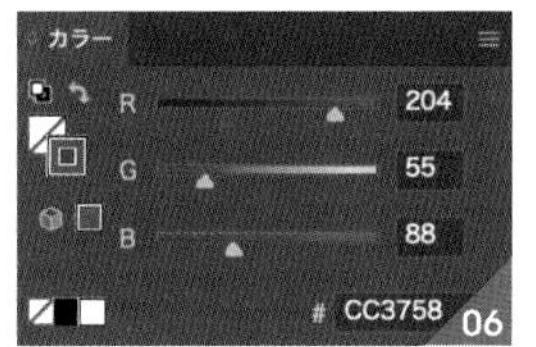

05

04

07

02 ロゴを作成した枠の上に移動させます 08 。枠を選択し、[はさみツール]でロゴの両端辺りをクリックし 09 、カットします 10 （カットした部分は消去します）。

08

09

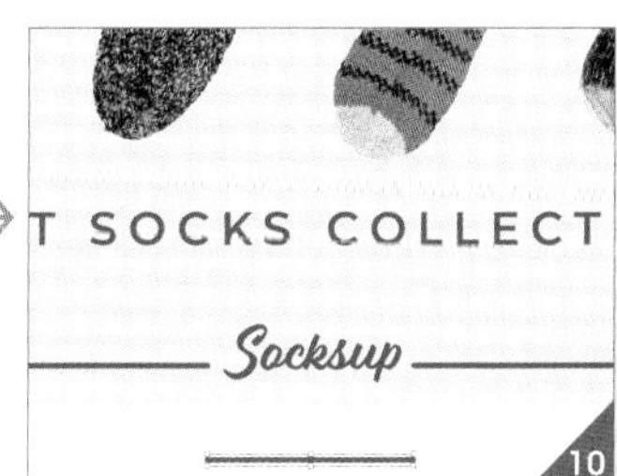

10

09 ラフな余白のあるキリヌキ写真に仕上げる

03 線パネルで[線幅:0.5pt]、[角の形状:ラウンド結合] 11 、カラーを「#CC3758」 12 に設定した[ペンツール]で写真の周りを自由にクリックしていき、ハサミでラフにカットしたような直線のキリヌキ風の線を作成します 13 14 。続けて[塗り:#FFFFFF(白)]に設定して、[オブジェクトメニュー→重ね順→最背面へ]で写真の下に移動させます 15 。

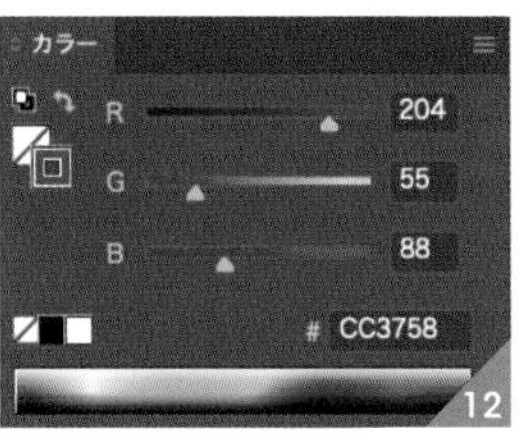

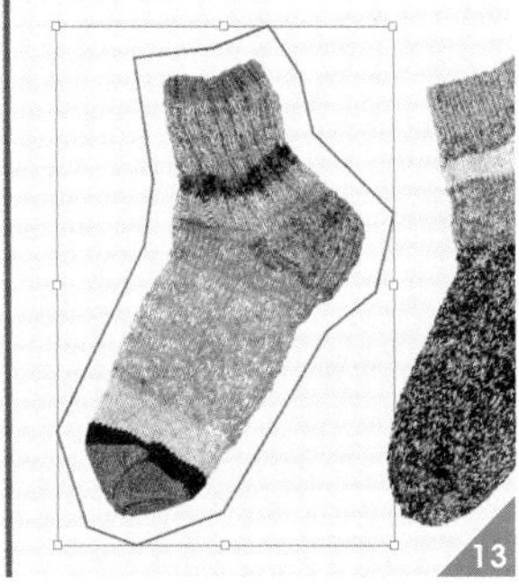

[ペンツール]でクリックしてキリヌキ風の線を描画

塗りを白にして写真の背面に配置

04 作成したキリヌキ風の線と写真をすべて選択して、[拡大・縮小ツール]をダブルクリックします。「拡大・縮小」ダイアログで[縦横比を固定:95%]に設定して縮小します。このとき、[線幅と効果を拡大・縮小]のチェックを外しておきます 16 。
他の文字パーツもレイアウト位置を調整します 17 。

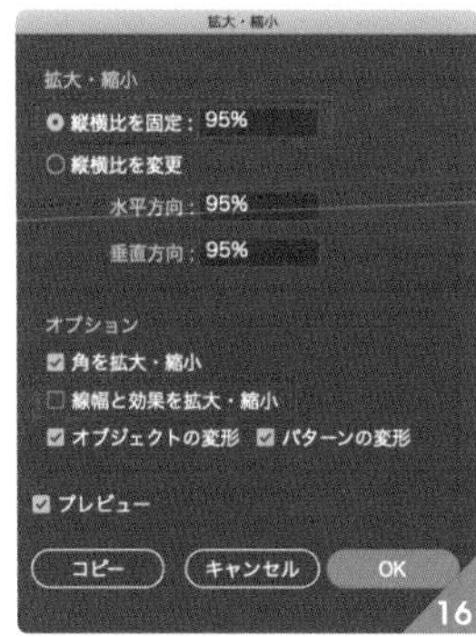

薄いドット柄を背景に加える

05 背景画像を選択し、[編集メニュー→コピー]でコピーし、[編集メニュー→背面へペースト]でペーストします(背景画像が2枚重なっている状態です)。
2枚重なった上の背景を再度選択し 18 、スウォッチパネルの左下の[スウォッチライブラリメニュー]をクリックし、[パターン→ベーシック→ベーシック_点]でパネルを開き、[6dpi 30%]のドットを選択します 19 20 。

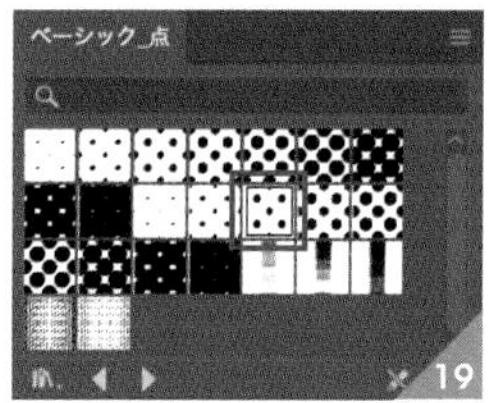

19

MEMO

スウォッチパネルメニューから[スウォッチライブラリを開く→パターン→ベーシック→ベーシック_点]を選択してもパネルを開くことができます。

18

20

06 作成したドット背景を選択した状態で、[拡大・縮小ツール]をダブルクリックします。ダイアログで[縦横比を固定:25%]に設定、[オブジェクトの変形]のチェックを外し、[パターンの変形]のチェックを入れて[OK]をクリックします 21 。ドットのサイズが縮小されます 22 。

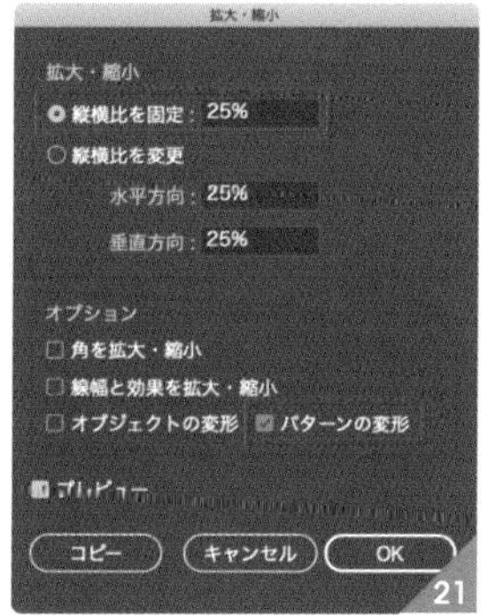

21

22

07 続けて、透明パネルで［描画モード：焼き込みカラー］、［不透明度：8％］に設定し 23 、背景に馴染ませて完成です 24 。

23

24

CHAPTER

5

素材が少ないときのアイデア

01 写真素材がない場合に活用できるストックフォト

所要時間

15分

使用アプリケーション

制作・文 コネクリ

ストックフォトとはさまざまな媒体で使用できる写真やイラストなどの素材を指し、デザインや広告、報道、資料など多くのシーンで活用されています。とくに時間や予算が限られた状況では、すぐにアクセスできるストックフォトはデザイナーの強い味方です。ここではストックフォトを使ったバナー作りを見てみましょう。

POINT1

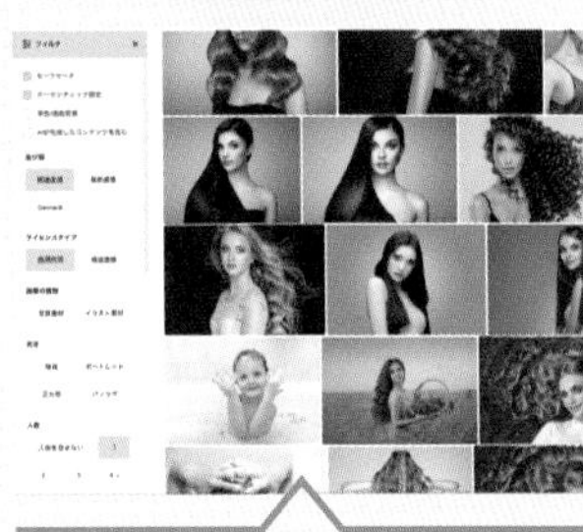

ストックフォトでイメージに合った写真を選ぶ

POINT2

写真をダウンロードして加工を始める

POINT3

背景のシンプルな素材は切り抜きも簡単にできる

ストックフォトサービスの使い方

01 シャンプーのバナーを作る際にモデルを撮影する予算や時間がなく、ストックフォトサービスを利用するケースを想定し、一連の流れを見てみましょう。ここでは「123RF」のサービスを利用してみます。Adobe Stockなど、他のサービスでも使い方に大きな違いはありません。まず、サイト(https://jp.123rf.com/)にアクセスします 01 。

https://jp.123rf.com/

MEMO

ストックフォトサービスは有償・無償を問わずさまざまなライセンスで提供されているため、まず利用条件をよく読み、利用目的がライセンスに違反しないかを確認することが重要です。

02 検索バーに「AI」というボタンがありますがこちらはAIを活用した検索です。今回はAI機能はオフにします。シャンプーのバナーを作成したいので検索バーに「シャンプー」と入力して検索すると、検索結果が 02 のようになりました。

03 フィルターの指定を 03 のように設定して検索結果を絞ります。フィルターによる指定後は 04 のように絞り込まれます。

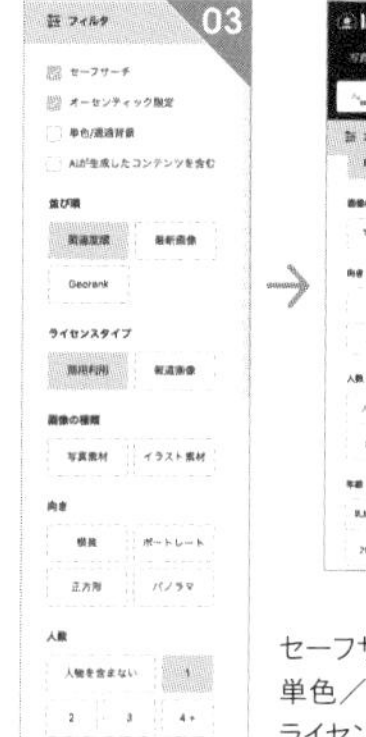

セーフサーチ:チェック
オーセンティック限定:チェック
単色/透過背景:オフ
AIが生成したコンテンツを含む:オフ
ライセンスタイプ:商用利用
人物:1

04 サイトをスクロールするとバナーのイメージに近い人物を見つけたので、選択します 05 。

05

05 詳細ページが開き、下部に類似した写真が表示されます 06 。

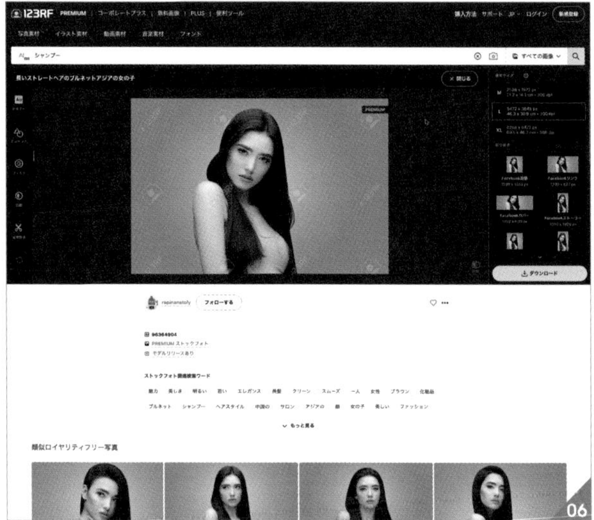
06

06 イメージに近いポーズを選択します 07 。

07

07 再度詳細ページが開きます 08 。こちらの人物写真がイメージに近く、モデルリリースも問題ないのでこの写真を使用することにします。

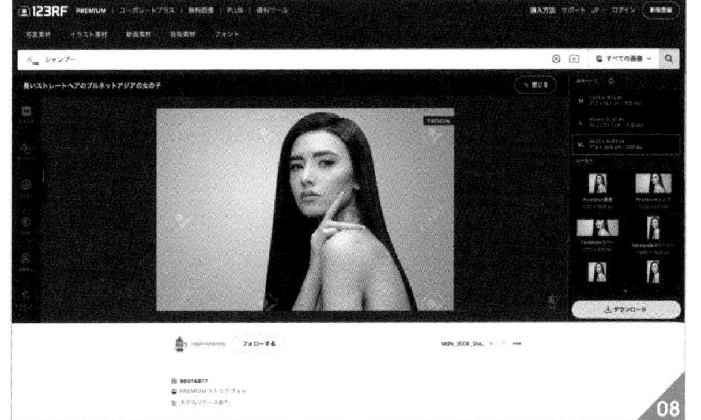

08 サイズをM・L・XLから選びます。バナー用であれば、それほど大きなサイズである必要はないでしょう。ここではMを選びます 09 。[ダウンロード]をクリックすると、プランが表示されます。ここでは1回のみの支払いで終わる手軽な「20チケット」を選んでみます 10 。

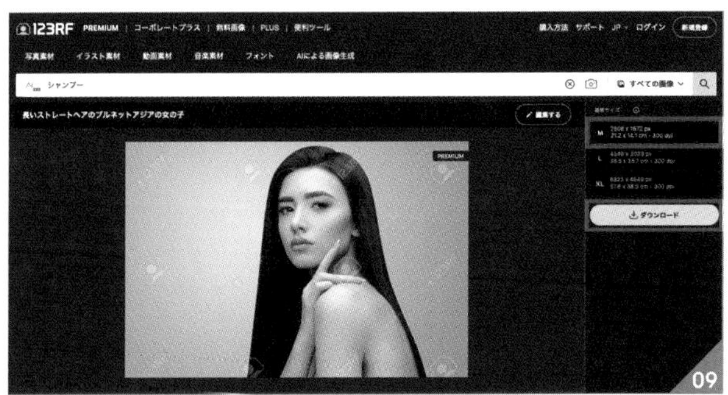

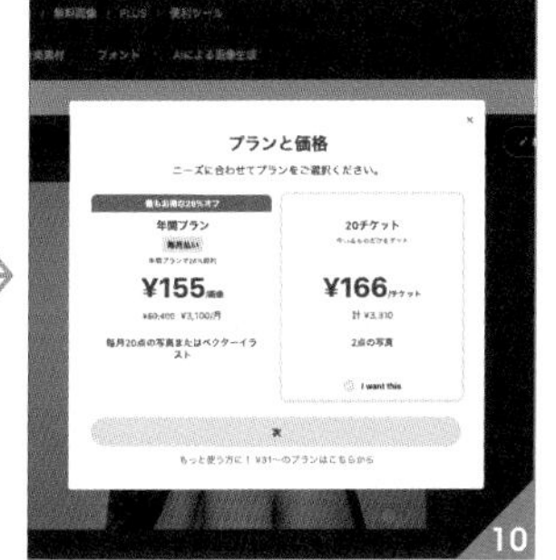

09 支払い情報等を入力して支払いをします。その後、必要に応じてユーザー登録を行えば写真をダウンロードできます 11 。

Photoshopでバナーを作成する

10 まず、加工前のバナーファイルを開きます。背景のレイヤー名を「bg」、商品を「img」、文字情報を「txt」としてそれぞれ配置してあります。ここに人物写真を「photo」のレイヤー名で配置し、「img」レイヤーと「txt」グループを非表示にしておきます 12 13。

12

13

人物を切り抜く

11 人物を切り抜きます。「photo」レイヤーを選択し、コンテキストタスクバーから［被写体を選択］を選択します 14。背景がシンプルな素材を選ぶことで、簡単に切り抜くことができます。

14

MEMO

コンテキストタスクバーはPhotoshop 24.5に搭載された機能です。以前のバージョンをご利用の場合は［選択範囲メニュー→被写体を選択］、またはプロパティパネルから選択します。

12 作成した選択範囲で問題なさそうなので、コンテキストタスクバーから［選択範囲からマスクを作成］を選択します 15 16。

15

MEMO

以前のバージョンをお使いの場合はレイヤーパネル下部の［レイヤーマスクを追加］をクリックします。

16

写真素材がない場合に活用できるストックフォト

13 レイヤーパネルで「img」レイヤーと「txt」グループを表示に戻します 17 。［移動ツール］で人物写真と文字情報等の位置を調整すれば完成です 18 。

17

18

02 文字要素をニューモーフィズム加工して映えさせる

After

文字がつまらないので加工して味を出したい

Before

所要時間

10分

使用アプリケーション

制作・文 高野 徹

文字だけのデザインにニューモーフィズム（シャドウとハイライトによる凹凸表現）でアクセントをつけます。エンボス加工のようにベースから押し出されたり凹んだりしているユニークな表現をしてみましょう。

POINT1

文字にドロップシャドウで影を加える

POINT2

文字にドロップシャドウでハイライトを加える

POINT3

複合パスを使って凹んだ表現を加える

シャドウを加える

01 白抜きの文字をニューモフィズム加工していきます。元データ（05-02_before.ai）を開き、タイトルの文字「W POINT FAIR」を選択し、文字の塗りを［なし］にします 01 。アピアランスパネルメニューから［新規塗りを追加］を選択し、［塗り］を追加します 02 。

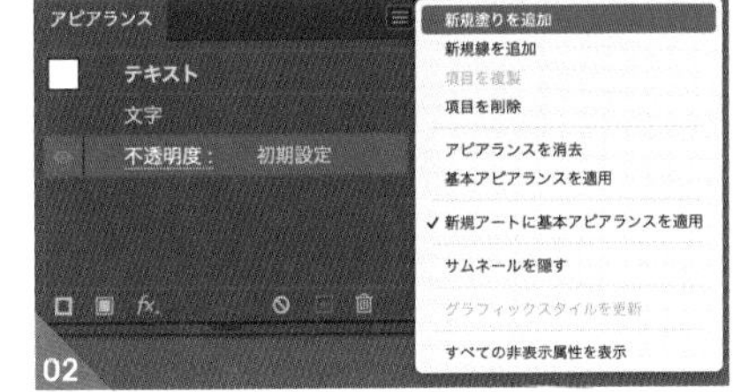

02 アピアランスパネルで追加した［塗り］のカラーを背景の長方形と同色にします（作例では［R214／G220／B235］）03 04 05 。

03 ［効果メニュー→スタイライズ→ドロップシャドウ］を選択し、［描画モード：焼き込みカラー］、［不透明度：100%］、［X軸オフセット：10px］、［Y軸オフセット：10px］、［ぼかし：10px］、［カラー：#666666］で適用して文字にシャドウを加えます 06 07 。

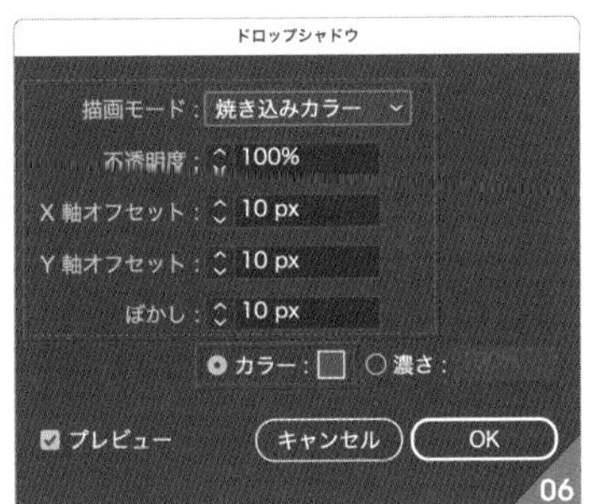

02 ハイライトを加える

04 アピアランスパネル下の[+]ボタン(選択した項目を複製)をクリックして[塗り]を複製します 08 09。
アピアランスパネルで複製した[塗り]のドロップシャドウをクリックし、[描画モード:通常]、[不透明度:75%]、[X軸オフセット:−10px]、[Y軸オフセット:−10px]、[ぼかし:10px]、[カラー:#FFFFFF]に変更します 10。ドロップシャドウを変更することで、文字にハイライトを加えます 11。

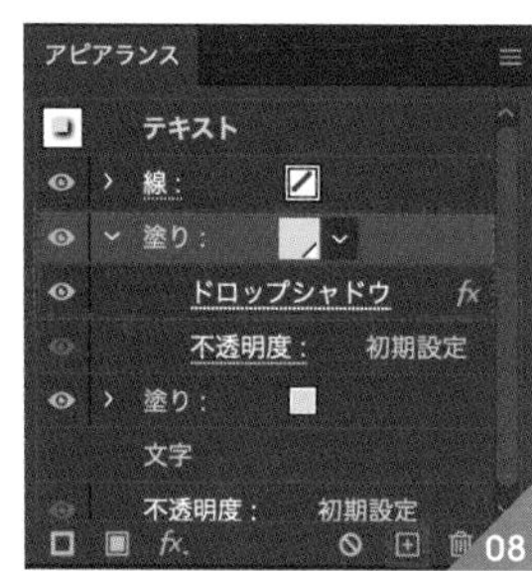

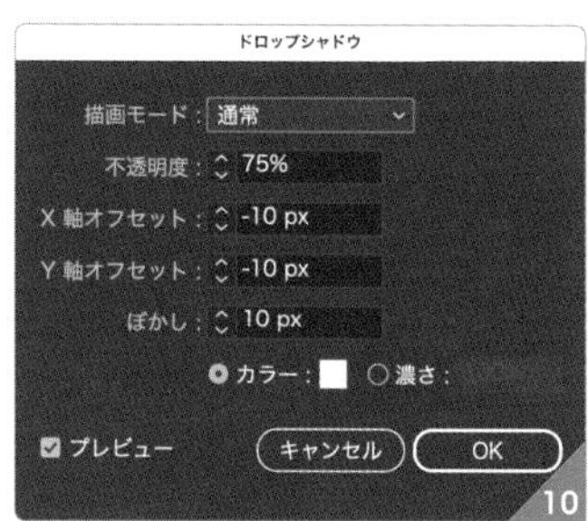

05 文字が選択された状態で、グラフィックスタイルパネルメニューから[新規グラフィックスタイル]を選択し、ニューモフィズム効果をスタイル登録します 12。下の日付の文字を選択し、登録したグラフィックスタイルをクリックすることで文字にスタイルが適用されますが、このままではぼかし効果が大きすぎます 13。
そこで[オブジェクトメニュー→変形→個別に変形]を選択し、[拡大・縮小]を[水平方向:50%]、[垂直方向:50%]、[オプション]で[オブジェクトの変形]のチェックを外し、[パターンの変形]と[線幅と効果を拡大・縮小]をチェックして適用します 14。ぼかしの幅は調整され文字が見やすくなりました 15。

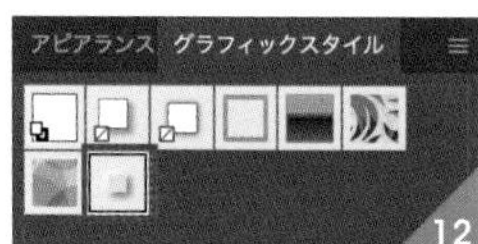

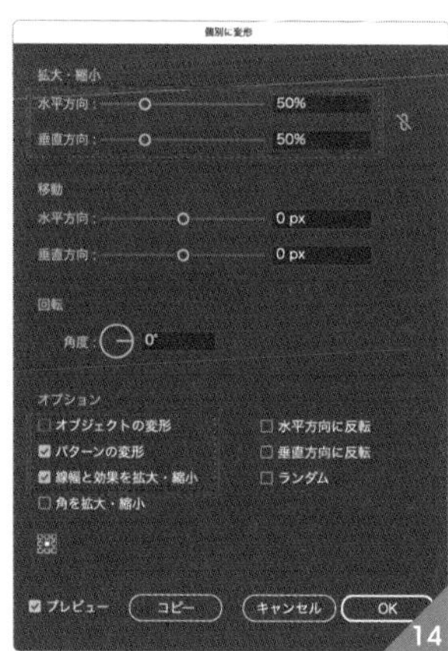

MEMO

[個別に変形]では、プレビューを見ながら拡大・縮小の数値をちょうどよい感じになるように調整しましょう。

凹みを表現するパーツを加える

06 日付の部分の角丸長方形は、文字と逆に凹んだニューモフィズムにします。背景の長方形を選択してコピーし、［編集メニュー→前面へペースト］を適用します。複製した長方形と角丸長方形を選択し **16** 、［オブジェクトメニュー→複合パス→作成］で複合パスにします。グラフィックスタイルパネルで登録したグラフィックスタイルをクリックすれば完成です **17** 。

16

↓

17

SIZE VARIATION

サイズバリエーション

banner 320×600 px

縦長に展開するときは、英文字のタイトルを90°回転させると大きく扱える

banner 320×100 px

小さいサイズで展開する際は、文字が読みやすいようにドロップシャドウの効果を縮小しよう

03 1枚の写真を反復してカラフルに見せる

After

1枚の写真では華やかさが足りない

Before

所要時間

 10分

使用アプリケーション

制作・文 佐々木拓人

1枚の画像を配置するだけではデザインがもたない場合、少しの加工で色に変化をつけて背景の装飾として使用する手もあります。全体がカラフルで華やかな印象になり、バナーに目を引きつけることができます。

POINT1

写真をグレースケール化して網点化

POINT2

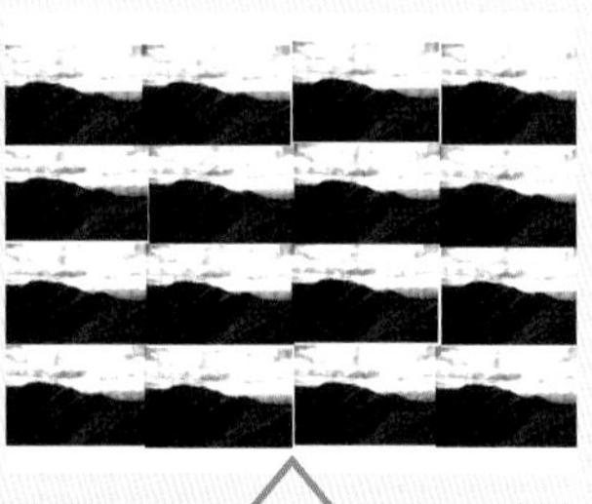

縮小して配置をランダムにする

POINT3

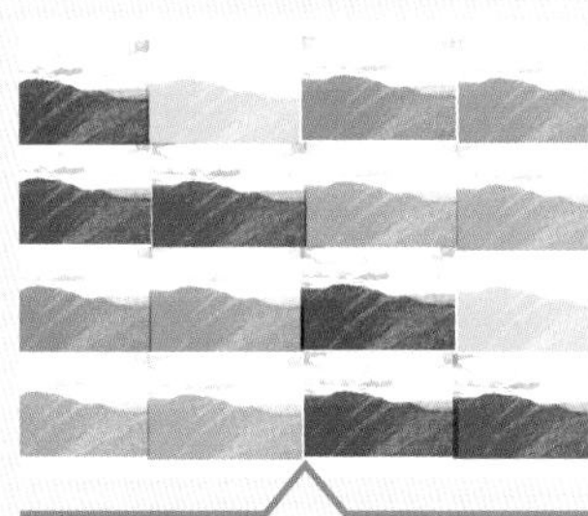

色を塗り分けてカラフルに

背景画像を網点化する

01 背景に配置しているリンク画像をPhotoshopで開きます。いったん［イメージメニュー→モード→グレースケール］でモノクロ化します 01 。

01

02 次に［イメージメニュー→モード→モノクロ2階調］を［使用：ハーフトーンスクリーン］で実行します 02 03 。再度［イメージメニュー→モード→グレースケール］でグレースケールに戻し、保存しておきます 04 。

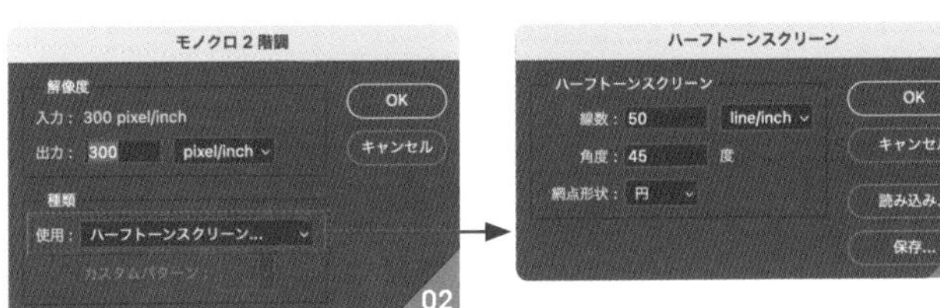

02 03

04

Illustratorで繰り返し配置する

03 続いてIllustratorで作業します。配置画像を上書き保存した状態であれば、そのままグレースケールの状態に差し替わります。「文字」レイヤーを非表示にし、画像を選択して、透明パネルで［描画モード：乗算］に設定します 05 。縮小し、option＋shiftキーを押しながらドラッグして横方向に複製します 06（画像どうしを少し重ねていますが、あとでバラすので厳密に配置する必要はありません）。

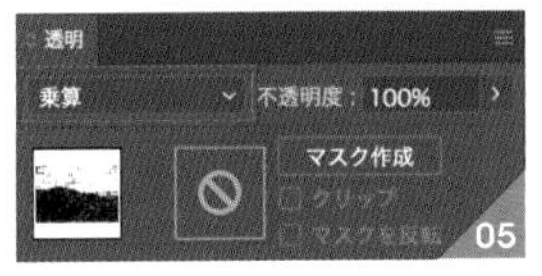

05

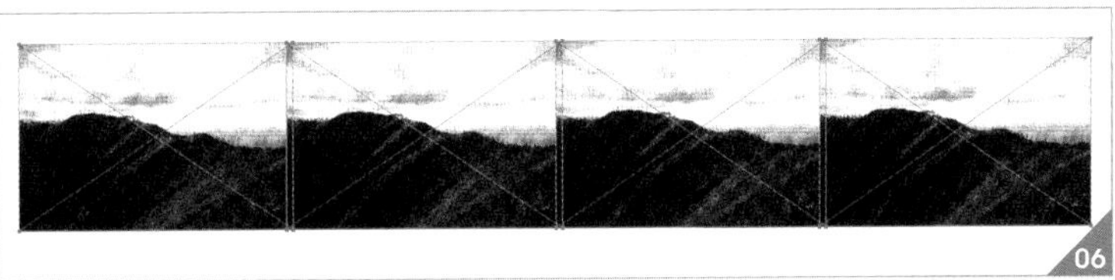
06

04 続けて下方向にも複製します 07 。続けてすべての画像を選択し、[オブジェクトメニュー→変形→個別に変形]を選びます。[水平方向:15px]、[垂直方向:15px]程度に設定し、「ランダム」にチェックを入れて適用して、位置にばらつきを出します 08 09 。設定値はプレビューを見ながら調整しましょう。

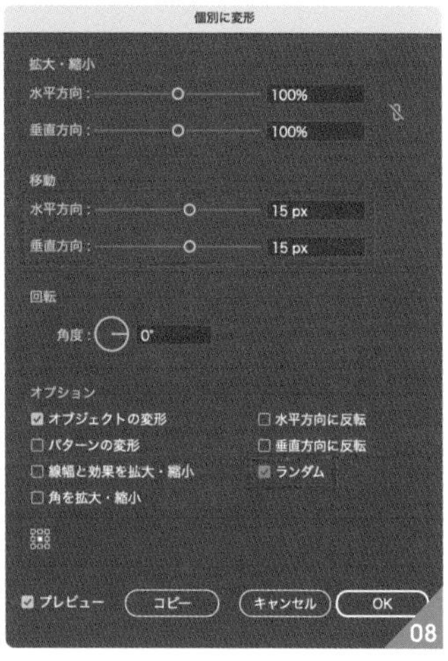

08

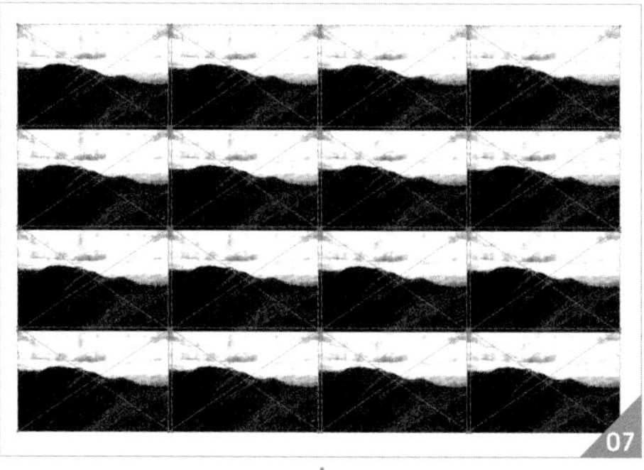
07

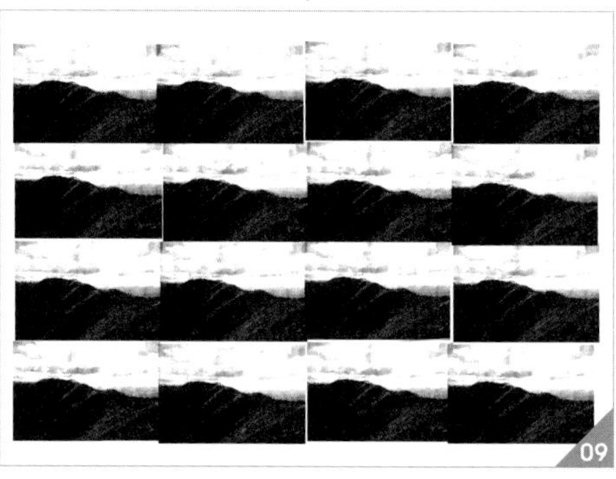
09

カラフルに塗り分けて仕上げる

05 ここまでの画像に塗りをつけていきます。ここでは8種類の色に塗り分けました 10 。

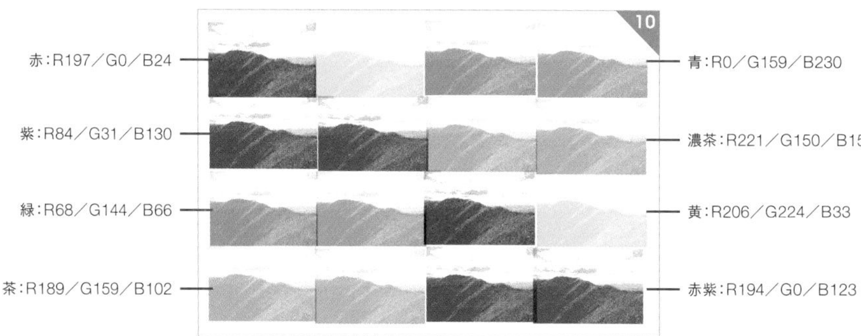

10

06 あとはアートボードのサイズの長方形を描画して全体をトリミングし 11 、「文字」レイヤーを表示に戻して、キャッチコピーを調整すれば完成です 12 。

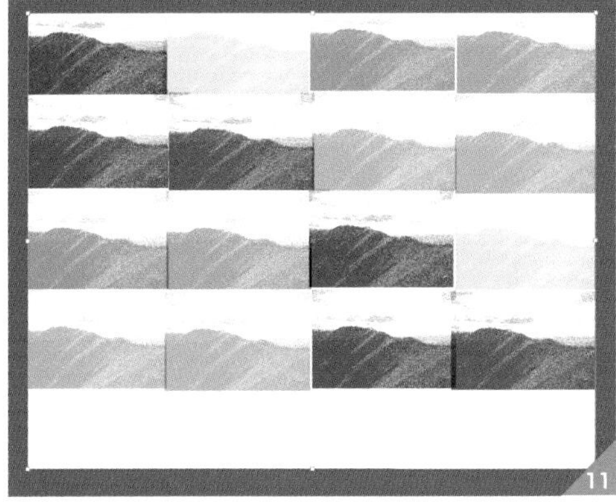

11

12

04 カラーバリエーションとぼかしで繰り返しに華を添える

After

COLORFUL
MULTI
SUPPLEMENT

シンプルに繰り返すだけだと
単調に見えてしまう

Before

COLORFUL
MULTI
SUPPLEMENT

所要時間

15分

使用アプリケーション

制作・文　遊佐一弥

素材が少なくても、バリエーションや配色の工夫次第で色彩豊かな表現にすることも可能です。ここではカラーバリエーションとふんわりとしたカラースポットを追加することで、カラフルな画面を作っていく手順を紹介しましょう。

POINT1

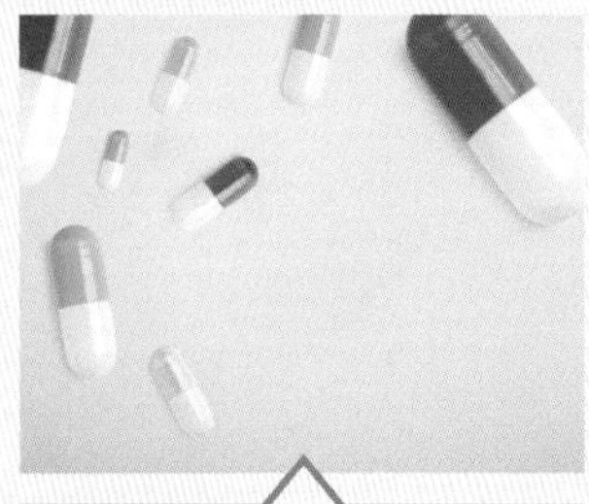

素材のカラーバリエーションを増やす

POINT2

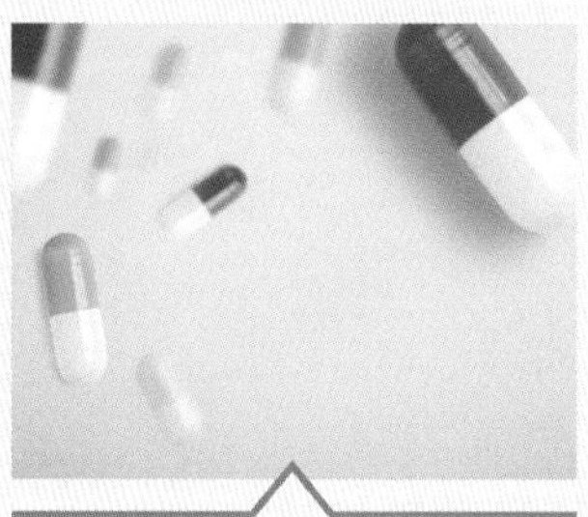

ぼかしやシャドウで奥行き感を表現する

POINT3

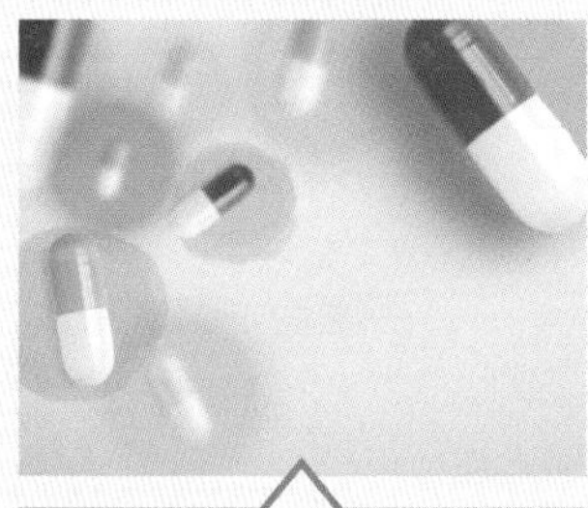

柔らかい2種のカラースポットを追加する

カプセル個別のカラー変換

01 元バナーは、背景画像レイヤーの上にサプリのカプセル画像を複製したものがグループにまとめられ、その上に文字レイヤーが配置されています 01 。各カプセルごとにカラーを変換する前に、複製して配置されているカプセルのレイヤーを1つだけ残してほかをすべて削除します。レイヤーマスクも削除しましょう 02 03 。

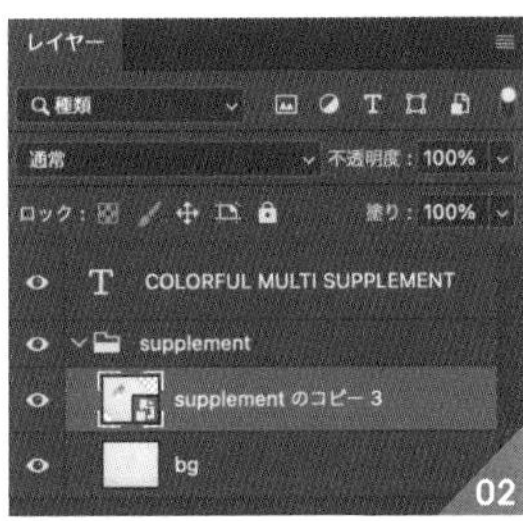
02

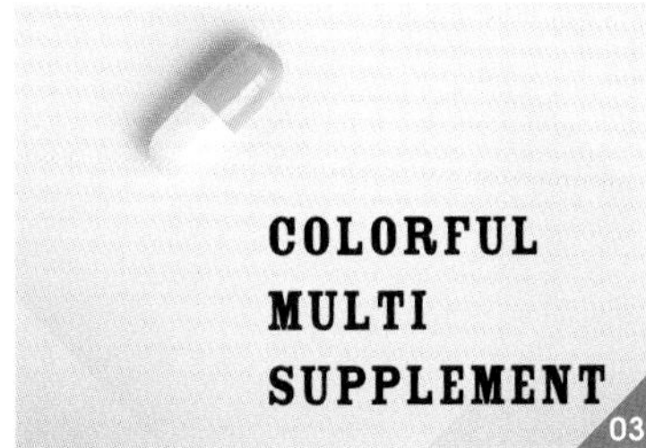

03

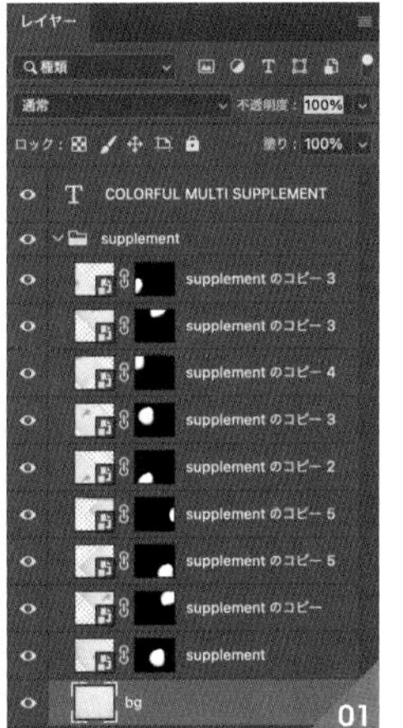
01

02 ［クイック選択ツール］を使ってカプセル本体部分のみの選択範囲を作り 04 、改めてレイヤーマスクを作成します 05 。

04

05

03 ［レイヤーメニュー→新規調整レイヤー→色相・彩度］を実行し、色みを調整します 06 。
続けてプロパティパネルの左下のボタンをクリックするか、レイヤーを右クリックして［クリッピングマスクを作成］選んで、直下のレイヤーにのみ色調調整を適用します 07 08 。

06

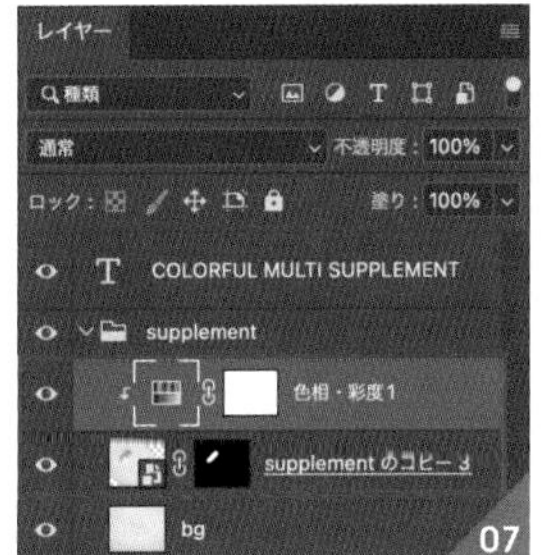
07

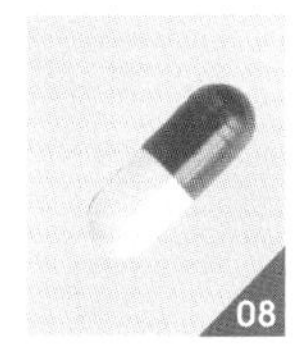
08

04 レイヤーを複製してカプセルを増やし、手順03の要領でカラーバリエーションを作りながら、いくつか配置していきます。バランスを見ながら全体を調整しましょう 09 。

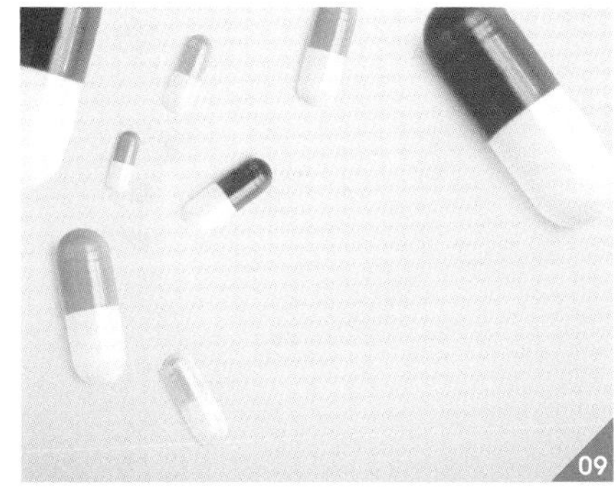
09

05 さらに、奥行き感を演出するため、ぼかしと影を加えます。カプセルのレイヤーを選択し、[レイヤーメニュー→スマートオブジェクト→スマートオブジェクトに変換]を適用したあとで、奥にあるように見せたいカプセルに[フィルターメニュー→ぼかし→ぼかし(ガウス)]を[半径:2.8px]、[半径:7.8px]、[半径:9.5px]くらいの段階に分けて適用します 10 。

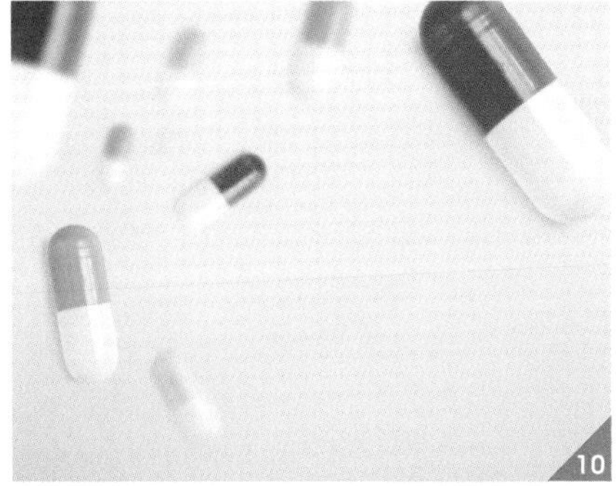
10

06 さらに、一番手前に見せたい右上のカプセルには、レイヤー効果の[ドロップシャドウ]を追加します 11 12 。

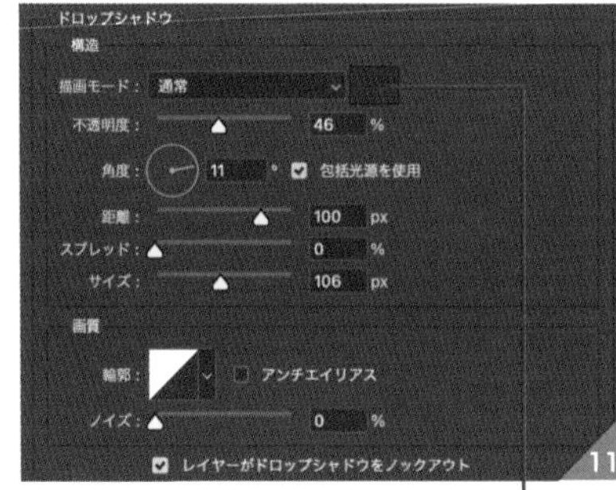

11

R69／G75／B75

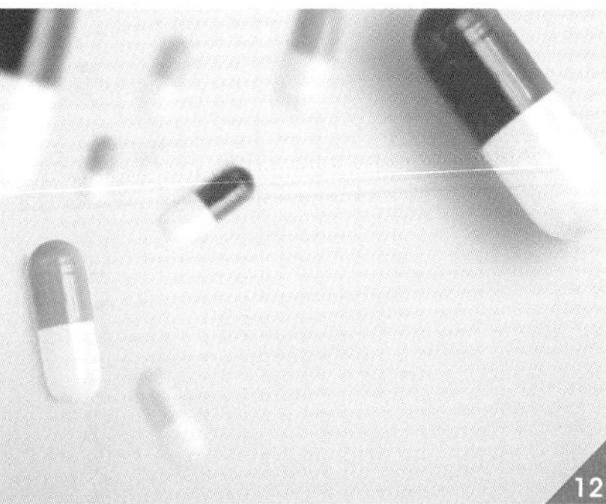
12

カプセルに対応する背景カラースポットの作成

07 カプセルの下にそれぞれに対応するカラースポットを作成します。ここでは2つの方法を紹介します。まず1つめは［楕円形ツール］を使用する方法です。［楕円形ツール］で正円を描画して、カプセルの下に配置します。［不透明度］も18%～70%くらいの間で適宜調整しています 13 。

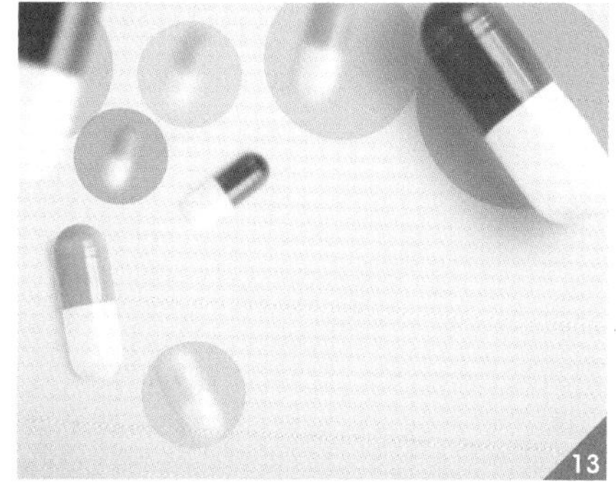
13

08 この正円にレイヤー効果の［光彩（外側）］を適用して、ぼかします。カラーには正円と同じ色を設定します。［スポイトツール］やカラーパネルなどを活用して色を揃えましょう 14 15 。

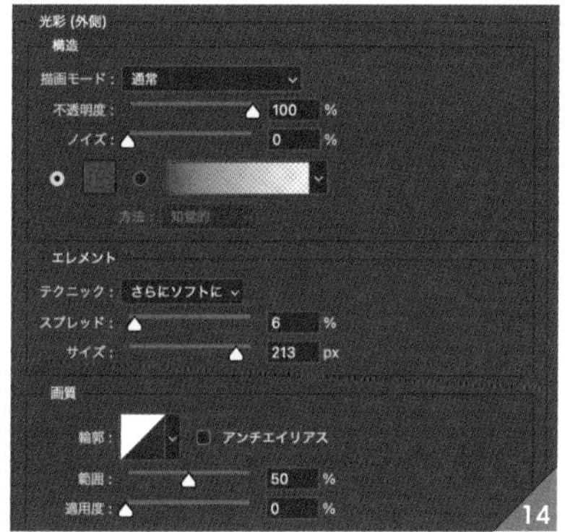

14

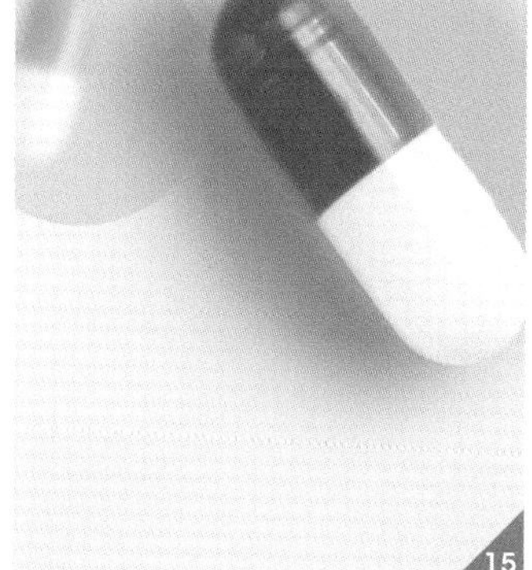
15

09 すべての正円にこの作業を繰り返します 16 。［光彩（外側）］の［スプレッド］や［サイズ］の設定は適宜アレンジします。この方法で作成したレイヤーは変形や修正が自由にでき、劣化しません。

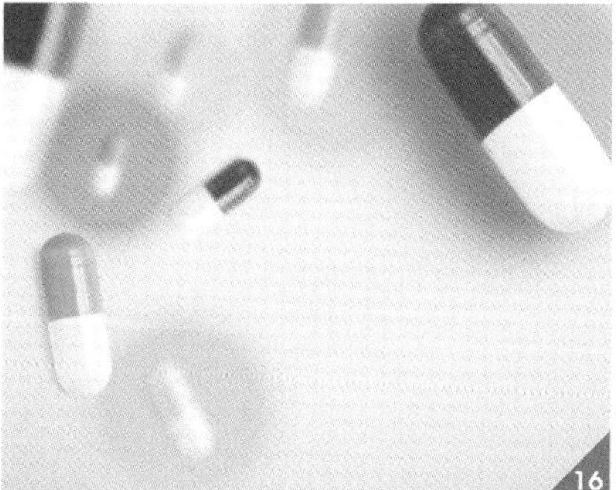
16

10 2つ目はブラシで描画する方法です。新規レイヤーを作成し、[ブラシツール]に持ち替えます。

ブラシの設定を行ないます。オプションバーからブラシプリセットピッカーを選び、歯車アイコンから水彩感のある好みのブラシに設定します。ブラシの描画モードを[乗算]や[焼き込みカラー]に変更し、不透明度を「50〜70%」程度に設定します。17。

17

11 カプセルの背面をブラシで丸く塗ります。水彩の雰囲気が出るように、重ね塗りするとよいでしょう 18。

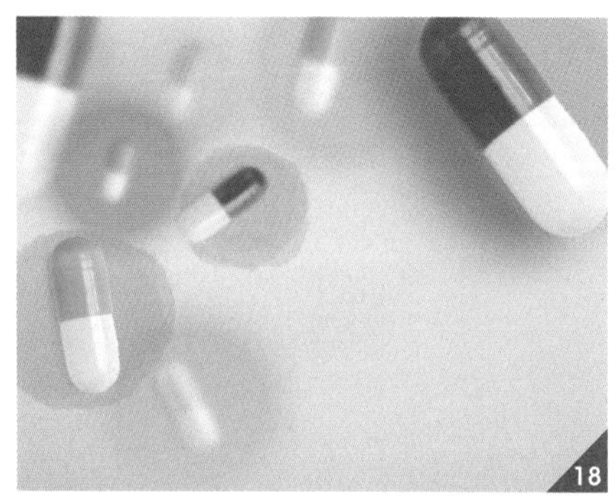
18

テキスト周りを調整する

12 雰囲気に合わせて細目の書体に変更して罫線を追加します。ここでは書体を「Circe Rounded」の「Extra Light」に設定しました 19 20。

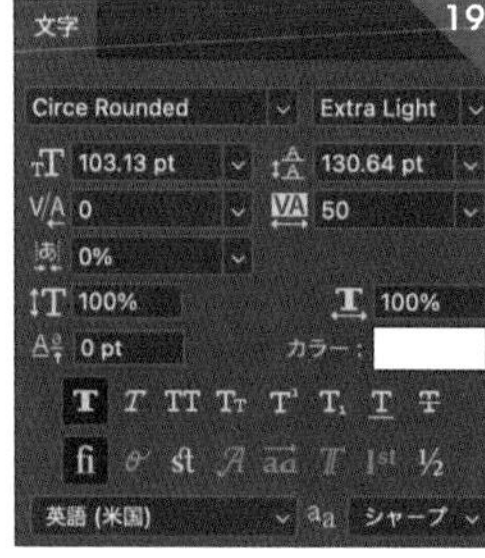

19

20

13 文字の後ろにも、[光彩（外側）]のレイヤー効果を適用した正円やブラシの塗りつぶしパーツを配置します 21 。これで完成です 22 。

21

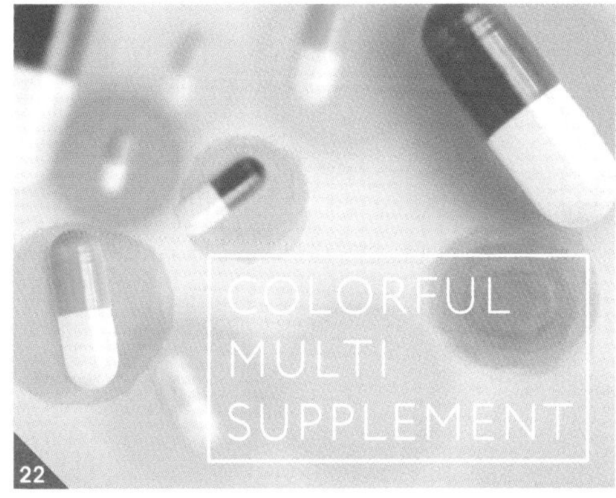

22

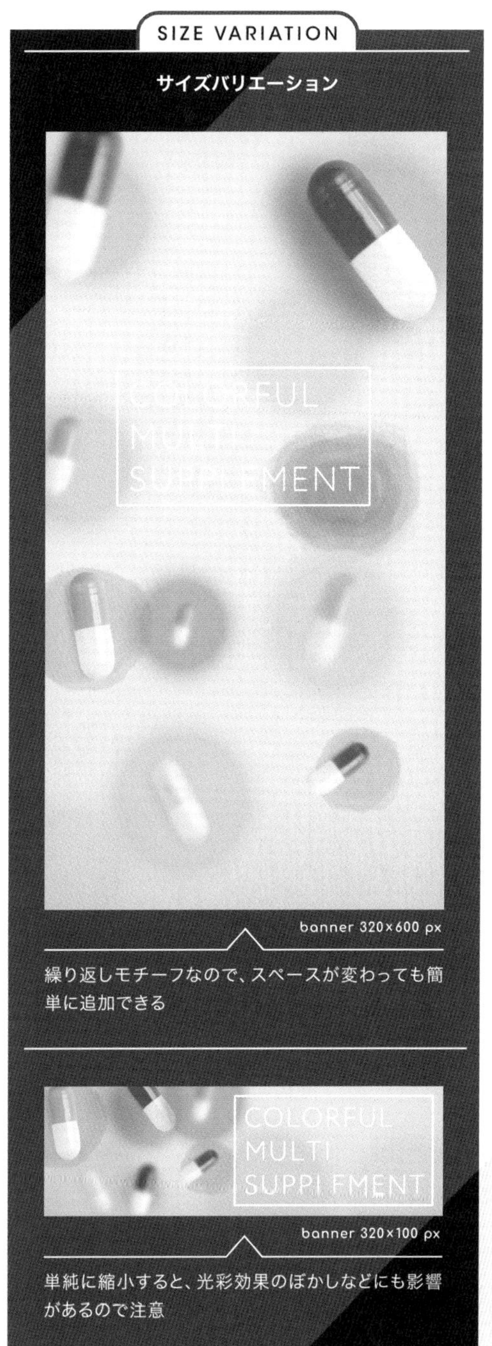

05 手描き風味のラフなモチーフでにぎやかさを演出する

所要時間

15分

使用アプリケーション

制作・文　遊佐一弥

素材が少ないけれどにぎやかな仕上がりにしなければいけない、そんなときに助けてくれるのが、アナログ感覚たっぷりの手描きモチーフです。デザインテクニックの引き出しのひとつとして持っておくと、困ったときにいろいろな場面で役立つはずです。写真の色みなどでもアナログ感を演出しましょう。

POINT1

手書きのモチーフを使っていきいきとした動きを

POINT2

写真の不要な部分を切り捨てて内容をより伝わりやすく

POINT3

ラフな色みを調整して手描きモチーフとの相性をアップ

煙のシェイプの描写

01 元バナーは、画像レイヤーの上に文字レイヤーとシェイプが各項目ごとにグループ化されて並んでいます 01 。まず、文字の背面にある円形シェイプを複製します。シェイプレイヤーを選択した状態で、[パス選択ツール]でパスをoptionキーを押しながらドラッグします。これでパスが増えるので、[移動ツール]に持ち替えて全体の大きさを調整します 02 。

01

02

02 パスを選択した状態で[編集メニュー→パスを自由変形](または右クリック→[パスを自由変形])でパスごとの拡大縮小も自由に行なえます。
細かな調整やパスの追加削除などはアンカーポイントをクリックして選択し、ドラッグします。形を変えたり、あえて歪ませたりして調整していきます 03 。

03

03 これらの手順を繰り返しながら、煙のような形を作っていきます 04 。新規でシェイプを追加する場合は[楕円形ツール]で描き足し、色を変えたりしながら画面を埋めていきます 05 。

05

04

05 フチどり線を追加する

04 [曲線ペンツール]を選択し、オプションバーで[シェイプ]に設定して 06 、煙のシェイプの周りにフチどり線を追加します。あとから曲線を膨らませるなどの操作も自由にできます。また、[消しゴムツール]を使って部分的に線を消すこともできます 07 。

06

07

05 [パス選択ツール]でシェイプを選択すると、オプションバーで線端オプションが選べます。ここで丸型線端を選びましょう 08 。他の煙も複数選択して揃えておきます 09 。

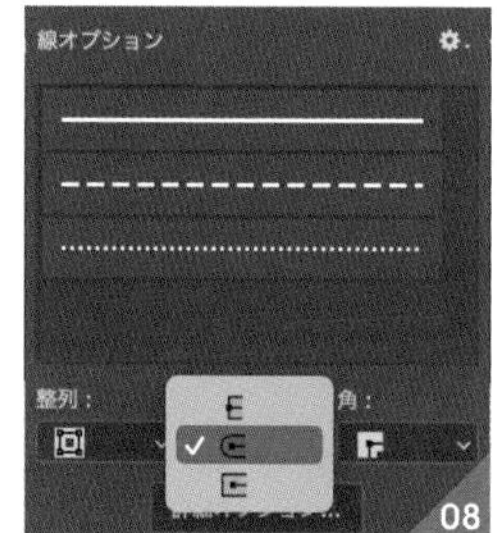

08

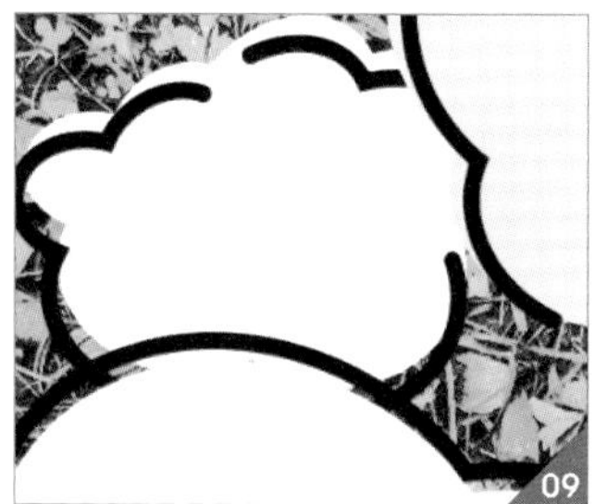
09

配置を調整する

06 各項目を移動してレイアウトを変更していきます。たとえば手持ちパンの取っ手は見えなくてよい部分なので、描き足した煙で目立たなくなるように調整します。煙の中で文字も少し傾けて動きを出しています 10 。

10

手描き線に合わせて写真を調整

07 レイヤーパネルで写真のレイヤーを選択し、[レイヤーメニュー→新規塗りつぶしレイヤー→べた塗り]を選択して、[カラー：R212／G137／B137]のべた塗りレイヤーを作成します。[描画モード：ハードミックス]に設定して色みをラフにします。また、このままだと効果が少し強すぎるので、[不透明度：50%]に調整します 11 。これで完成です 12 。

カラー：R212／G137／B137

手描きモチーフは自由に描き足せるので、あらゆるサイズやスペースに対応可能だ

バナーサイズが変わったときは、[曲線ペンツール]で描画した線の太さとのバランスにも注意しよう

06 イラストがなくても文字だけで楽しさやワクワク感を表現する

After

チームで
学びを楽しくする
アクティブラーニング
のすすめ
2023.10.9 MON 14:00~15:00 オンライン/無料

デザイン全体の
物足りなさを解消したい

Before

チームで
学びを楽しくする
アクティブラーニング
のすすめ
2023.10.9 MON 14:00~15:00 オンライン/無料

所要時間

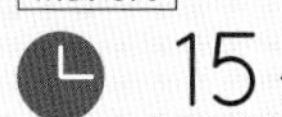

使用アプリケーション

制作・文 mito

ランダムな形の流体シェイプをフレームとして使用することで、背景の寂しさを解消します。また、メリハリを意識し、一番強調したい文字をランダムに配置することで、動きを出すことができ、物足りなさを解消します。バナー全体に「動き」をプラスすることで文字だけでも楽しい雰囲気を作っていきましょう。

POINT1

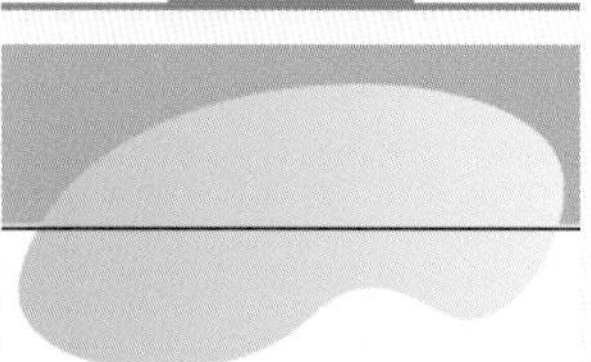

［曲線ツール］で適当な大きさの楕円形シェイプを描く

POINT2

背景の長方形シェイプを重ねて、クリッピングマスクで切り抜く

POINT3

［文字タッチツール］を使ってランダムに配置する

流体シェイプを作成する

01 ［曲線ツール］で適当な大きさの楕円形シェイプを描きます 01 。［グラデーションツール］を選択し、種類は［線形］、開始の色は「#ffae00」、終了の色は「#f9e866」とします 02 。

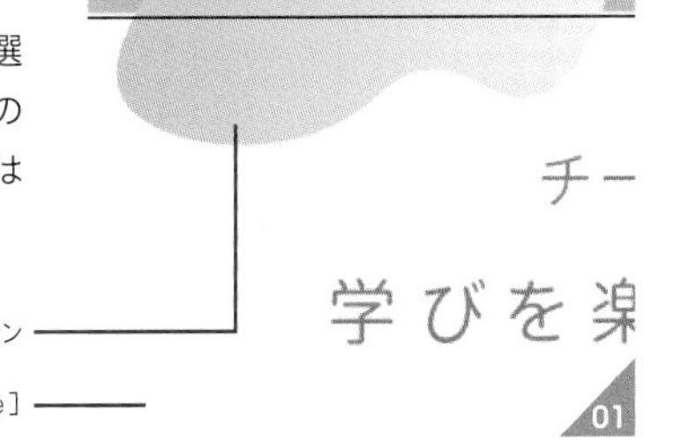

線：なし／塗り：グラデーション

背景は［線：なし／塗り：#f5f2ee］

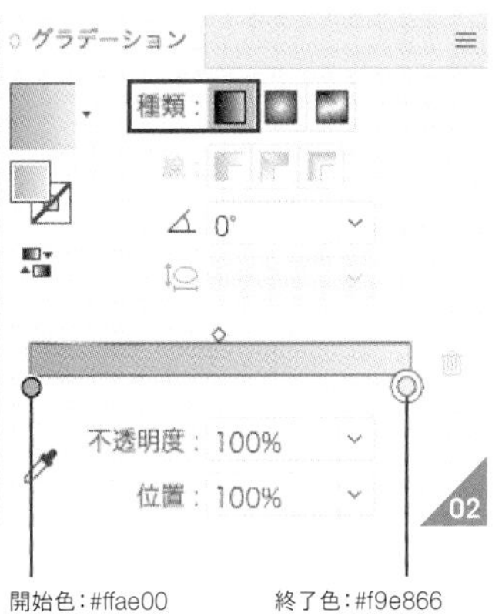

開始色：#ffae00　終了色：#f9e866

02 カラーは手順01で作成したグラデーションを設定し、［曲線ツール］を使い流体シェイプを量産していきます 03 。すべて配置し終えたら、流体シェイプをすべて選択し、⌘＋Gキーでグループ化します 04 。

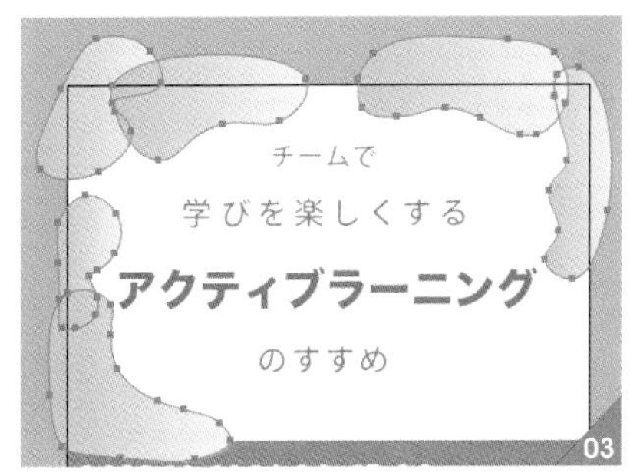

03 グループ化した流体シェイプの上に切り抜きたい大きさの長方形を配置します 05 。

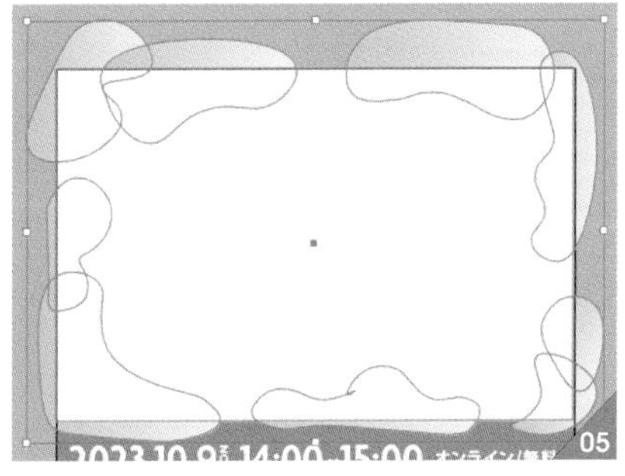

04 グループ化した流体シェイプと長方形を選択し、右クリックで［クリッピングマスクを作成］を選択し 06 、流体シェイプを切り抜きます 07 。

文字をデザインする

05 「アクティブラーニング」の文字を［選択ツール］で選択します。ツールパネル上の塗りと線を「なし」にします 08 。［ウィンドウメニュー→アピアランス］でアピアランスパネルを開きます。パネル左下の［新規線を追加］をクリックし、線を追加します 09 。線幅は「2px」、線のカラーは「#6a6a6a」、塗りは手順01で作成したグラデーションとします 10 11 。

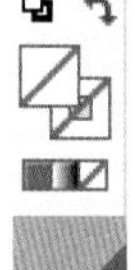

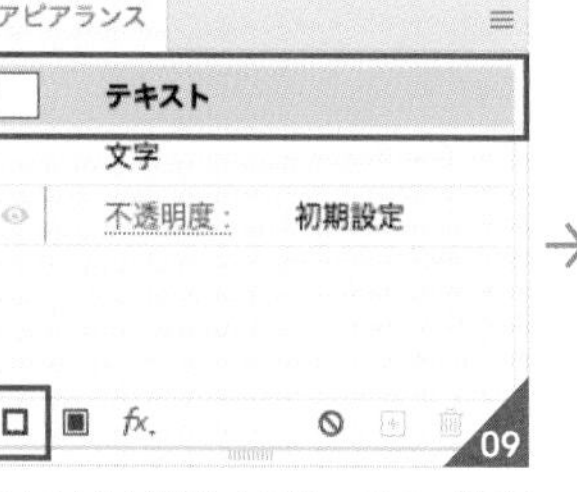

［テキスト］を選択した状態で、左下の［新規線を追加］から線を追加

重ね順は、線が上、塗りが下。ドラッグで順序入れ替え可能

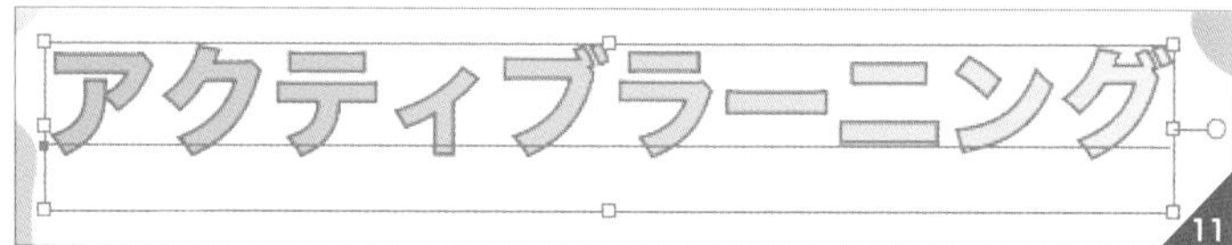

文字に線と塗りが適用される

06 アピアランスパネルで塗りを選択した状態で、左下の［新規効果を追加］をクリックし 12 、［パスの変形→変形］を選択して、「変形効果」ダイアログを開きます。［移動］の［水平方向］を「10px」とします 13 14 。

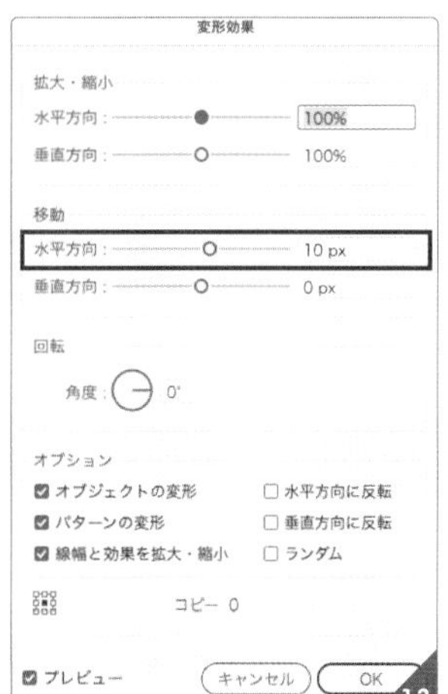

塗りだけ右に10pxずれる

07 ［選択ツール］で文字を選択した状態で［ウィンドウメニュー→書式→文字］で文字パネルを表示し、［文字タッチツール］をクリックします 15 。配置を変えたい文字を選択し、ドラッグで動かしたり、回転させたりします 16 17 。

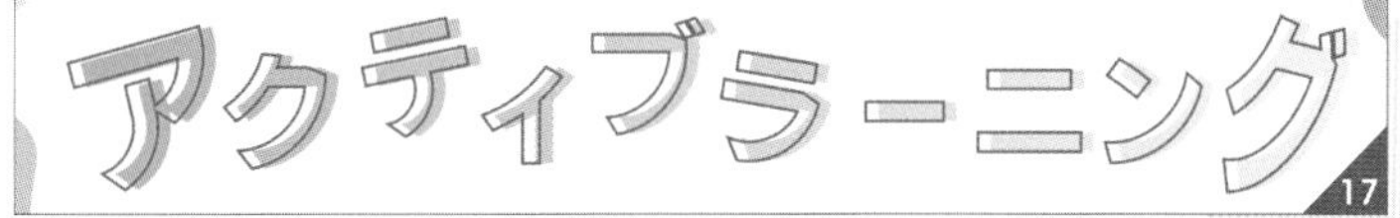

MEMO

［文字タッチツール］が表示されていない場合は、文字パネル右上の ≡ をクリックし、メニューから［文字タッチツール］を選択します。

08 「アクティブラーニング」の文字の外側に［長方形ツール］で長方形を作成し、線を手順01と同じグラデーション、線の太さは「10px」、塗りを「なし」とします 18 。
「チームで」の文字の上部に［楕円形ツール］で楕円を描き、3つ配置します 19 。楕円の線は「なし」、塗りは手順01と同じグラデーションにしています。

長方形の線の太さは10px。レイヤーパネルで長方形が文字の下にくるように移動

09 「チームで」の吹き出しを作成していきます。
［楕円形ツール］で文字が隠れる大きさの楕円を作成します 20 。［効果メニュー→ワープ→でこぼこ］を選択し、ワープオプションダイアログ内で［水平方向］の［カーブ］を「-12%」に設定します 21 。
［直線ツール］で円の中心から外へ直線を描きます。線幅を太くし（ここでは「66px」）、プロファイルを［線幅プロファイル4］に変更します 22 。
線を選択した状態で、［効果メニュー→ワープ→絞り込み］を選択し、「ワープオプション」ダイアログの［水平方向］で［カーブ：40%］にします 23 。

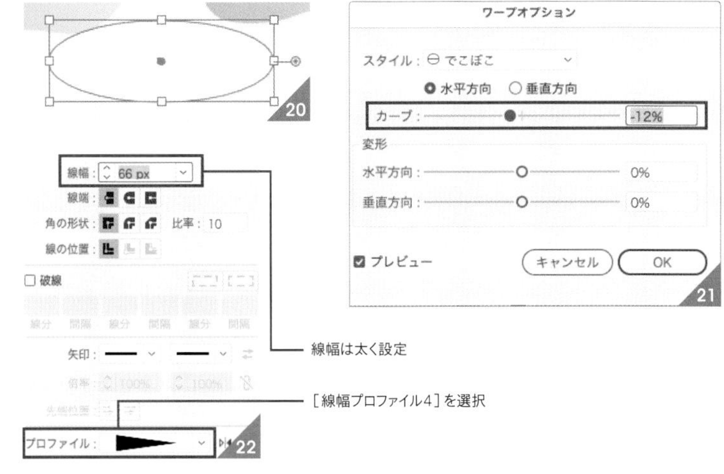

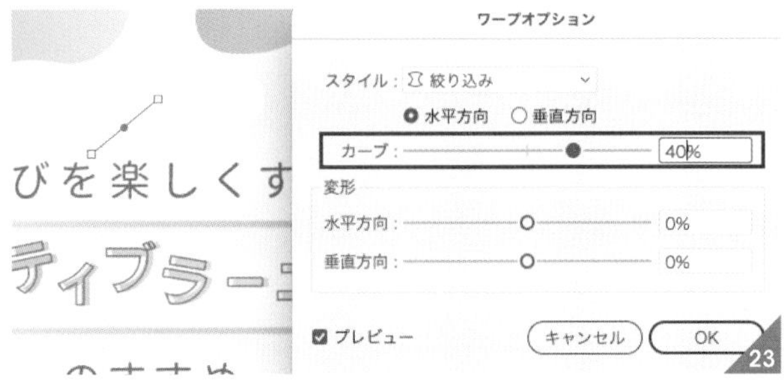